健康**飲食**完全手冊

THE **healthy food**
DIRECTORY

健康**飲食**完全手冊

THE **healthy food**
DIRECTORY

Michael van Straten 著

廉萍 譯

三聯書店（香港）有限公司

健康**飲食** 完全手冊

策劃編輯　　陸詠笑
責任編輯　　羅芳、蔡凌志

THE **healthy food** DIRECTORY

by Michael van Straten

著　　者	米歇爾·范·斯特拉頓	
譯　　者	廉萍	
出版發行	三聯書店（香港）有限公司	
	香港荃灣德士古道220-248號16字樓	
版　　次	2004年6月香港第一版第一次印刷	
規　　格	大32開（123×210mm）224面	
國際書號	ISBN 962·04·2244·9	

© 2004 Joint Publishing (H.K.) Co., Ltd.
Published in Hong Kong

目錄

榛子

緒論

什麼是營養？

　　任何一種有益於健康的飲食，我們從中所需的都是能量，能量可以通過攝入含有蛋白質、脂肪、碳水化合物、維生素和礦物質的食物的混合物來獲得。我們所吃的食物的品種越多，身體缺乏必需的營養的可能性就越小。

　　在超市、冰箱、微波爐和食品加工機出現之前的很長一段時間裡，人類都是狩獵者和採摘者，主要靠堅果、漿果、水果和植物根莖生活。我們逐漸地在我們的飲食中增加了肉類、乳製品、穀物和蔬菜。人類從

紅漿果

而變成雜食性動物，並靠這種混合膳食生存和發展了幾千年。當時我們的確不瞭解維生素、礦物質和蛋白質，但是我們仍繁榮昌盛。那麼，為什麼現在我們每個人都被和營養有關的話題所困擾？20世紀末，西方

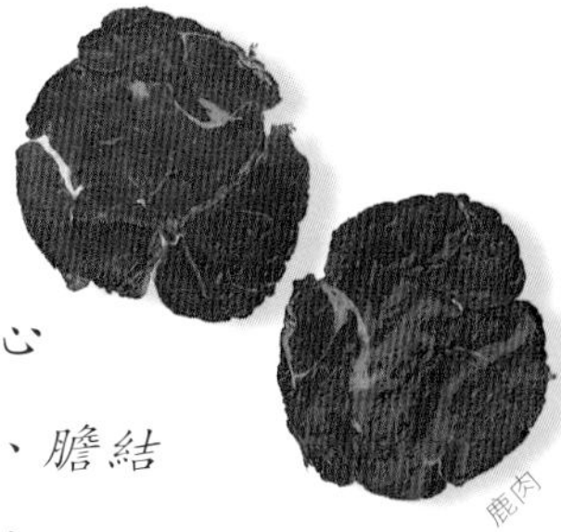

社會飽嘗了文明疾病的苦果：心
臟病、高血壓、癌症、肥胖症、膽結
石、肝功能衰竭、腎臟問題等都是由營
養過盛引起的富貴病。

　　我們所吃的食物，在過去的一百年裡的
改變要比此前十萬年中的改變更多，並且我
們已經不易於適應這些絕大部分並不能改善
　　　健康的改變。高脂肪、高鹽、高糖的
　　　　　食物，儲藏，加工，密集型
　　　　　農業，生長激素和抗生素
　　　　　等，並沒有增加我們現在
　　　　　所吃食物的營養價值。但
　　　　是如果不進行發明創造，我們將毫
無價值，而且潮流正在開始改變。
人們對更好的飲食方式的興趣日益增長。保
健食品商店、民族風味和素食飯店
以及有機農場迅速繁榮，我們都將
從中得益。

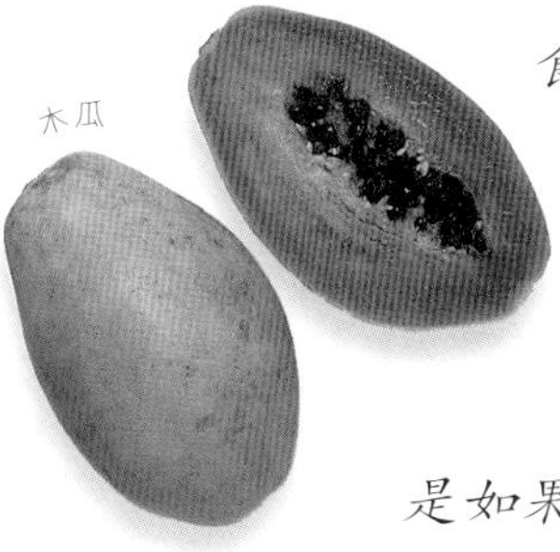

木瓜

鹿肉

蘆筍

地中海食譜

為什麼幾乎所有地中海沿岸國家的人民，都要比北歐、英國和美國的人民更健康？原因在於地中海地區的飲食：一種能使心臟病、中風以及許多不同種類癌症的發病率更低的飲食。但這怎麼可能呢？因為我們曾看到過地中海人吸煙、吃肥鵝肝醬餅、意大利臘腸和有臭味的乾酪以及喝大量的酒。

這有兩個原因。首先，地中海人吃掉極大量的水果、蔬菜和色拉，這些食品都富含保護性抗氧化劑。其次，他們的飲食極少受到現代食品技術發展的影響，他們極少食用經深度加工的、高脂肪、高糖的食物，他們用橄欖油代替黃油、動物油或氫化植物脂肪來燒菜，他們還大量食用既可保護心臟又有抗癌功能的大蒜，以及魚和海產品，相當少食用紅色肉類（牛、羊肉等）。

抗氧化劑擔當清道夫，清理身體系統中有害的自由基，並保護身體系統免受它們的破壞。橄欖油能提供極其豐富的維生素E——一種最強有力的抗氧化劑，科學研究現在已支持橄欖油是一種預防性的食療藥品的觀點，而這在整個地中海地區很長時間以來就已經是農民的常識了。這種抗氧化劑價值本身，就足以解釋地中海飲食對心臟的保護作用。但是最近的兩項研究還顯示，靠富含橄欖油的飲食生活的志願者，血液膽固醇也顯著降低。

克里特的農民吃早飯時經常用一大塊麵包就着半杯橄欖油，這種吃法絕非毫無益處。

鮮艷欲滴的地中海美食

超級美食

● 地中海飲食充斥着精美的菜餚，其中許多是不用肉調製的——美味的意大利麵食（包括通心粉及麵條等）佐以蔬菜或海產品；富於想像力的色拉；用胡椒粉、茄子和橄欖做的盤菜；簡單燒烤或烘烤的魚；什錦飯裡幾乎什麼都有；低脂肪的山羊奶和綿羊奶乾酪；偏好用橄欖油和大蒜汁代替高脂肪的黃油來塗在製作粗糙的鄉村麵包。

素食主義

素食者的蛋白質食品

如果你想成為一個素食主義者，學習正確地去做是極為重要的。有不少這樣的無稽之談，例如如果你不吃很多肉，繼之而來的必然是不幸。它們中沒有一個是正確的，雖然它們經常是由醫生、岳母、婆婆和祖母講出來的。如果你停止吃肉，你不會變得虛弱，男人不會變成陽痿，女人也不會不生育，更不會變得愚笨。全世界有幾十億人是健康、強壯、有性交能力、能生育、聰明而活躍的素食者。

僅僅因為從日常膳食中去掉了肉、魚和家禽，並不意味着有理由擔心你的健康；事實上，不攝取飽和動物脂肪，可能會更有益。和吃肉的人相比，素食者會更少患心臟病、高血壓、胃癌和腸癌等疾病。只有維生素D和維生素B12是有可能缺乏的營養素（見第10頁 "長壽食譜"），而這又是很容易克服的（見第216-217頁 "維生素"）。

素食的兒童和青少年需要高能量的飲食。確保他們吃許多的高能量食物，但不要吃太多太佔地方的食品，那樣會填飽他們卻讓他們仍缺乏能量。乳製品、堅果、種子、脂肪和油類可提供更多的能量和佔據更小的體積。因此，用絕對素食的飲食（即不包括蛋類和任何乳製品）來養育兒童是十分困難的，當然也是我所不推薦的。

蛋白質也一直是素食主義難以解決的問題。但是只要你的日常飲食包括有蔬菜和蛋白質來源——穀類和豆類、乳製品、蛋類、堅果、種子、水果和蔬菜——它們將提供所有你所需的蛋白質。

鐵的構成

● 由於每個人都將鐵的補給與肉類和肝臟聯繫起來，大部分醫生似乎都擔心他們的素食患者發生貧血。在全麥麵包、上等的穀類和暗綠葉蔬菜中含有豐富的鐵，謹慎的素食者會吃進大量的上述食物。由於鐵的吸收會因維生素C的參與而極大地改善，優秀的素食者通常也會比一般的肉食者吃掉更多的新鮮水果——貧血對素食者而言極少會成為問題。

長壽食譜

陰性和陽性食品

在20世紀初期，喬治‧大澤（George Ohsawa），一個居住在加利福尼亞的美籍日本人，將禪宗哲學應用於營養學。他在陰陽學説的基礎上創建了最"均衡"的食物的食譜，它需要經過七個階段才能達到作為最高境界的第七級——僅僅食用糙米——他所認為的最佳食品。對於初學者來説，要先花一段時間逐漸放棄所有肉類，然後才能進入第一級——包括40%的穀類、30%的蔬菜、10%的湯類、20%的動物性食品（不包括肉類）。到第三級時，比例變為60：30：10，動物蛋白質已被排除在外了。第七級時，糙米只是作為十天一個周期的淨化性食物療法，或者只在生病期間食用。根據長壽哲學，"陽"性食品包括肉類、家禽、魚類、海產品、蛋類、乾酪和鹽，而"陰"性食品包括酒、茶、咖啡、糖、乳類、奶油、酸奶與絕大多數藥草和香料。而豆類、穀類、堅果、種子、水果和蔬菜被認為是陰陽均衡的食物。

久司道夫（Michio Kushi）和大澤的其他信徒把這種"長壽"食物的預期益處散佈到世界各地。長壽食譜能夠減少發生肥胖、高膽固醇、高血壓、便秘和一些癌症的風險，從這個意義上説它當然有一定益處，但是這不足以補償如此苛刻的食譜帶來的負面作用。

這些食品的蛋白質含量低而體積較大，因此它們能提供的能量也很低，從而會導致斷奶期前的孩子蛋白質營養失調，延緩青春期和懷孕期間的發育速度。由於缺乏鐵和維生素B12，兒童貧血的現象非常普遍，還可能有患佝僂病的風險。但是如果採用不那麼僵化的素食主義，或者食用更均衡的雜食食物，也能獲得同樣的益處並避免風險。

不利方面

●除了蛋白質含量低和體積大，長壽食譜還有不少缺點。

• 低脂肪，高纖維。

• 卡路里含量太低。

• 有營養缺乏的風險，尤其是鐵、維生素B12和維生素D。

• 攝入的蛋白質勉強夠用。

• 不適宜於兒童、孕婦、哺乳期女性。

食物搭配

威廉‧霍華德‧海博士（Dr. William Howard Hay）是20世紀初期食品革命運動的偉大先驅之一。他的著作《新健康時代》（A New Health Era）總結了海氏進食體系的主要原則，其基礎就是僅僅食用那些他相信是大自然打算提供給人類做食品的東西。

　　最重要的原則就是澱粉類和蛋白質類不能同時食用，儘管"中性"食物既可以和澱粉也可以和蛋白質一起吃，但在吃這兩組不同的食物時，中間一定要間隔至少四個小時。近年來，海氏食譜已成為最流行的"包治百病的萬應靈藥"，它的成功要歸結於大量的偽科學理論。實際上我並不推薦"生命飲食之道"之類的食物搭配，儘管堅持食物搭配原則在解決人們各種各樣的消化問題方面的確卓有成效。

食物搭配指南

每天吃一餐澱粉類食物，一餐蛋白質類食物，以及一餐主要由水果、蔬菜和色拉組成的食物。在澱粉餐和蛋白質餐之間最好至少間隔四小時，但是如果你不得不細嚼慢嚥，試著堅持食用中性食物清單中的食品。

蛋白質類食物	中性食物	澱粉類食物
肉類	所有蔬菜，馬鈴薯除外	馬鈴薯
家禽	所有堅果，花生除外	麵包
野味	黃油	麵粉、燕麥、小麥、大麥
魚類	奶油	大米
水生貝殼類動物	蛋黃	小米
所有蛋類	芝麻油、葵花籽油、橄欖油	稞麥
乾酪、牛奶、酸奶	所有色拉	蕎麥
所有水果，屬於澱粉類的除外	種子、發芽的種子	香蕉、梨、木瓜、葡萄
所有豆類（小扁豆、乾豌豆）	藥草	乾果
紅酒	蜂蜜	酸奶
乾白葡萄酒	槭糖漿	啤酒
	杜松子酒、威士忌	

禁忌食譜

波斯特食品

　　部分人確實會對特定食品產生過敏反應，比如水生貝殼類動物、蛋類、牛奶、堅果和漿果，但是絕大多數在食用以後、尤其是那些食用以後1-24小時之內發生的副作用，通常是由食物不耐症引起的。人們通常更多地使用術語"食物不耐症"而不是"過敏症"來描述某些人對某種食品產生不良反應但過敏測試呈陰性的情況。它可以僅僅導致輕微不適，或者在某些病例中引起嚴重反應，很難與真正的過敏症區分。

　　世界上有大約一半人體內不能產生用來消化牛奶的酶，因此不耐乳症的廣泛分佈就不足為奇了，但牛奶過敏症——一種對酪蛋白（牛乳蛋白質的一部分）的過敏反應的確相當少見，儘管它的後果更為嚴重。其他會引起不良反應的食品還包括咖啡、茶、可可、巧克力、奶酪、啤酒、香腸、酵母、紅葡萄酒、小麥，甚至番茄。

　　偏頭痛、哮喘、濕疹、蕁麻疹、過敏性結腸綜合症、結腸炎、克羅恩氏病、乾草熱、類風濕性關節炎以及月經問題等，正是一些與飲食操作相關的身體機能失調現象。除非這些特別的食物肇事者非常顯而易見——在這種情形下你顯然要避開它們——制訂一個禁忌食譜（見下頁）是最好的起點。

　　這份食譜可能看起來有點困難，但是你只需嚴格遵守它大約兩周時間，兩周後就可以把一些食物補加回來，並記錄下它們的影響。你很快就會列出一份你可以忍受的食物的清單，把其他的淘汰掉。

　　兩周後可以依下列次序把其他食品加入進來：自來水、馬鈴薯、牛奶、酵母、茶、稞麥、黃油、洋蔥、蛋類、燕麥、咖啡、巧克力、大麥、柑橘屬水果、玉米、牛奶乾酪、白葡萄酒、水生貝殼類動物、天然牛奶酸奶、醋、小麥和堅果。

　　每兩天僅嘗試一種新食物。如有不良反應，一個月之內不要再嘗試。一旦症狀消失，繼續從這份食譜上增加食物。任何嚴苛的飲食都會危害你的健康，儘管你自己實驗了幾個星期都沒有問題，任何長期禁絕主要食物種類的行為還是只能在專家指導下進行。對兒童而言，飲食習慣的任何重要改變都必須由營養專家或醫生進行控制。

基本原則

食物種類	不允許	允許
肉類、家禽	醃肉、燻肉、香腸、所有經過加工的肉類	所有其他肉類
魚類、水生貝殼類	燻製的魚類、水生貝殼類	白魚
蔬菜	馬鈴薯、洋蔥、甜玉米、茄子、甜椒、紅辣椒、番茄	所有其他蔬菜、色拉、豆類、蕪菁甘藍、歐洲蘿蔔
水果	柑橘屬水果，比如橘子和葡萄柚	所有其他水果（比如蘋果、香蕉、梨）
穀類	小麥、燕麥、大麥、稞麥、玉米	大米、米粉、米片、米麵、西米、早餐米麥片、木薯粉、小米、蕎麥、米粉糕
烹調油	玉米油、植物油	葵花籽油、豆油、紅花油、橄欖油
乳製品	牛奶、黃油、大部分人造黃油、牛奶酸奶和奶酪、蛋類	山羊奶、綿羊奶和豆奶及其產品、奶製品和脫脂人造黃油
飲料	茶、咖啡（咖啡豆、速溶咖啡和脫咖啡因的咖啡）、果汁飲料、橘子汁、葡萄柚汁、酒、自來水	草藥湯（比如甘菊）、新鮮水果汁（比如蘋果、菠蘿）、純番茄汁（不含添加劑）、礦泉水、蒸餾水或去離子水
其他	巧克力、酵母、酵母精、長豆角、海鹽、香草、調味品、人造防腐劑、色素、少量糖或蜂蜜、食用香料、味精、所有人造甜味劑	

康復期食譜

營養豐富的康復期食品

康復期過去經常是醫學治療的必要組成部分。所需營養取決於疾病的類型，但是通常的原則包括要求食物易於消化、營養豐富、促進食慾等。抗氧化的維生素A、C和E，保護性的礦物質（比如鋅），以及為確保血色素正常而必須大量攝入的鐵等，都是必需品。

應食用大量的黑醋栗、漿果、柑橘屬水果和獼猴桃、椰棗、燕麥、魚類、蔬菜根莖、西蘭花和胡蘿蔔、乾果、大蒜、肉桂、鼠尾草、迷迭香和百里香。減少攝入純淨的碳水化合物、糖、酒精、高麩糠食品、動物脂肪和紅色肉類。

早餐應包括麥片粥、加蜂蜜和松仁的酸奶、瓜類、用酸奶和肉桂浸泡過的乾果、全麥烤麵包片、煮雞蛋、荷包蛋或炒雞蛋。午飯應該包括白魚、油魚、西蘭花、菠菜、胡蘿蔔、自由放養的雞、迷迭香、百里香、大蒜和鼠尾草。晚餐應包括味道清淡的色拉、用蔬菜根莖做的湯、大麥、小米、帶有杏仁的水果色拉，低脂奶酪、鱷梨。

還應該有新鮮水果，尤其是葡萄、椰棗、獼猴桃、柑橘屬水果和漿果；未加糖的新鮮水果汁、蔬菜汁、乾果、新鮮堅果和種子。

以食為天

食品條目可以按主題被自然分為幾大類。每一類包括有營養成分、受益的身體系統、幫助或惡化身體系統的情形和最佳食用方法。在相應位置會給出食品的卡路里值，盡可能用每100克為單位來表示。在由於食品重量或體積不適用這一單位的地方，會給出一個容易理解的平均份。"超級美食"一欄用來安置食品世界中最好的改善健康者，而"食品應急小秘方"欄則會介紹一些把食品作急救用的小技巧。

圖標檢索

❶ 免疫系統
❷ 消化系統
❸ 皮膚、頭髮和眼睛
❹ 心臟和循環系統
❺ 神經系統
❻ 骨骼與肌肉
❼ 呼吸系統
❽ 排泄系統
❾ 生殖系統

✚ 食品益處
➖ 健康警告

水果

水果是一種極其方便的食物：很容易準備和食用，充滿令人垂涎的香味，富含維生素、礦物質、抗氧化劑和纖維——所有這些對於健康都是至關重要的。從只能季節性享用的櫻桃、油桃，到一年到頭都可嚐到的蘋果和梨，水果中脂肪和卡路里的含量也都很低，所以食用大量的水果可以幫助我們填飽肚子而仍能控制住我們的體重。

人們很早就認識到，水果和蔬菜都有益於健康。當前國內和國際上所推薦的每天至少吃五客的水果和蔬菜，很大程度上源自對抗氧化劑在防治癌症和冠心病等慢性病中所起作用的研究。因此，食用比"每天一蘋果"更多的水果，是值得培養的明智而健康的習慣。

由於水果是如此萬能，在我們的飲食中加進更多的水果是很容易的。食用天然、新鮮的水果可提供最佳的維生素值，但要盡量避免剝皮食用，因為一些維生素被發現僅存在於果皮中，享用整個水果——包括果皮——可以提供更多的纖維。但新鮮的水果，在食用前仍需清洗乾淨。

盡可能選擇當造的水果，這些水果通常會更便宜，並且可能提供最大

酸橙

的營養價值和最強烈的香味。

當水果不當時令時，食用冷凍的水果仍將提供那些至關重要的維生素和礦物質，但要避免食用高濃度糖漿罐裝的水果。

櫻桃

許多不同味道的果汁（鮮榨的、冷凍的或濃縮的）——從異國的桃和芒果到更普通的葡萄柚和蘋果——是維生素C的良好來源，但不能提供任何纖維。它們是很好的解渴飲料，但每天只喝一杯就可以認為已達到你"每天五客"的目標。一定要選擇"純果汁"而不是"果汁飲料"，因為果汁飲料主要由糖和香料組成。

果醋栗

很多種乾果，從椰棗和芒果到梅乾和葡萄乾，它們對很多種維生素和礦物質（包括鉀、磷、鐵、維生素A和維生素B以及纖維）的貢獻也不能被忽略。它們像零食一樣隨手就可以吃到；很容易添加到其他食物中，如穀類和烤製食品；當和其他食品一起烹調時，它們可以作為天然甜味料。

食用精心挑選的鮮艷顏色的水果，是一種最令人愉快的增加你的營養攝入的方式。

蘋果
❶ ❷ ❹ ❻

平均每個蘋果所含的能量為47千卡
富含維生素C和可溶性纖維

每天一蘋果，醫生遠離我。而一天兩個蘋果，則會是心臟和血液循環系統的真正滋補品。蘋果富含一種可溶性纖維——果膠，可以幫助身體排除膽固醇，並且保護它不遭受環境污染物的傷害。法國、意大利和愛爾蘭的研究人員已經發現，每天兩個蘋果最多可以使膽固醇水平降低10%。果膠可以和重金屬（如鉛和汞）結合，並幫助身體除掉它們。蘋果還含蘋果酸和酒石酸，可以幫助消化，尤其有利於對付過甜和油膩的食物。蘋果中的維生素C，可以幫助增強身體本身的免疫防禦能力。

蘋果傳統上曾被用來治療消化不良，理療家推薦將磨碎的蘋果放置至變成棕褐色並與少許蜂蜜混合，作為治療腹瀉的有效藥物。在美國，BRAT飲食（banana, rice, apples and dry toast, 即香蕉、大米、蘋果和乾麵包片）因可減輕腹瀉而很受醫生喜愛。由於其含有可溶性纖維，蘋果也是一種很重要的對抗便秘的武器。另外，蘋果對於患關節炎、風濕病、痛風、結腸炎、胃腸炎等病症的人們也是很理想的，這使其成為一種非常全能的食物。

蘋果的氣味也有安定作用，可以幫助降低血壓。蘋果中的糖絕大多數是果糖，這是一種能被緩慢分解的單糖，可以使血糖保持穩定。

超級美食
●早晨起床後、晚上睡覺前吃幾個蘋果，可以幫助減輕酒醉後的影響。

✚ *對心臟和血液循環系統有益。*
✚ *有益於治療便秘和治療腹瀉。*
✚ *最好生吃或微燉後食用。*

梨
❷ ❹

每標準客所含的能量為64千卡
富含鉀和可溶性纖維

由於通常被認為只不過是一種令人愉快的餐後甜點水果，梨的營養價值經常被忽略。實際上，梨是可溶性纖維果膠的一種很好的來源。它不僅作為腸功能調節器頗有價值，而且在幫助身體消除膽固醇方面也具有特殊的功能。梨也是維生素C的一種比較好的來源，還提供一些維生素A、大量的鉀和少量的維生素E。梨乾是蛋白質、鐵、維生素A和維生素E的一種有效來源，也是鉀和纖維的豐富來源。

對於患消化疾病的人或康復期病人，梨是非常容易消化的水果，也是麩糠的一種更加吸引人的替代品。

✚ *對能量、康復期、便秘和降低膽固醇有益。*
✚ *最好成熟後生吃或乾製後食用。*
➖ *新鮮的梨含有一種叫做山梨糖醇的糖基醇，大量的山梨糖醇會導致少數易感人群產生腹瀉。*

大黃
❷ ❻

每100克所含的能量為7千卡
富含鈣

這種有巨大葉子和粉紅色莖的樣子奇怪的植物，最初產自中國的西藏，西元前很長時間就作為藥物在那裡使用。大黃的藥用變種（栽培的目的是為了獲得它們的根而不是莖）也被古希臘人用來幫助治療慢性便秘。

大黃含有少量的維生素A和維生素C，幾乎不含鈉，含有適量的鉀和錳，也含有數量驚人的鈣。但不幸的是，大黃可食用的莖中還含有草酸，會妨礙鈣的吸收。

✚ *有益於治療便秘。*
✚ *最好微燉後食用。*
➖ *大黃葉子含有大量的草酸，以至於有很強的毒性，絕對不可食用。*
➖ *由於草酸含量高，患有腎結石或痛風或者有此病傾向的人，都不能食用大黃。*

李子
❷❹
每標準客所含的能量為20千卡
富含鉀

李子有許多變種，在英國能找到的大部分是黑刺李或者櫻桃李的雜交品種。它們可能源自東歐，並且在整個歐洲已經被認識和使用了2,000多年。17世紀晚期，日本李被水果專家盧瑟·伯班克（Luther Burbank）引進美國。

李子含有很少量的維生素C、適量的維生素A和少許維生素E。然而它們卻是鉀的極好來源。餐後甜點李子有較高的糖含量和較低的酸含量，也有一定的實用藥用價值。黑刺李，產自黑刺李灌木的野生李子，被用來釀製黑刺李杜松子酒，它是一種傳統的本土含酒精飲料，也是治療腹瀉的良藥。

李子被廣泛應用於東方醫學中，尤其是日本的"Umebushi"，它可幫助治療消化系統紊亂，但味道卻特別令人厭惡。

✚ *有益於心臟和血液循環系統，有益於水腫。*

✚ *最好成熟後生吃或烹飪後食用。*

食品應急小秘方

● 野生李子凍或李子醬，是一種治療刺激性乾咳的鎮靜藥物。為了立即減輕痛苦，可以將一點心匙的李子凍或李子醬溶解在一杯熱水中，並加上一個檸檬的汁和一撮肉桂，在睡前飲用。

櫻桃
❶ ❻ ❽

每100克所含的能量為48千卡
富含維生素C和生物類黃酮

野生櫻桃的樹皮傳統上用作藥用，但乾的櫻桃果柄和櫻桃本身也是一種非常有效的利尿劑，櫻桃有適度的鉀含量並且幾乎不含鈉。野生的櫻桃甜得令人愉快，在美國甚至被稱作甜櫻桃。酸的櫻桃，如歐洲酸櫻桃（黑櫻桃），極適於做果汁和利口酒，用於烹飪和裝瓶儲藏。

櫻桃含有維生素C和大量的生物類黃酮，這使其成為極好的抗氧化食物。而使櫻桃具有預防癌症價值的，是其含有的鞣花酸，它可以抑制致癌細胞。

✚ 有益於關節並可有效地預防癌症。

✚ 一種有效的利尿劑。

✚ 最好新鮮食用（甜櫻桃變種）；用於烹飪或裝瓶（不甜的品種）儲藏。

杏
❶ ❷ ❸ ❾

杏乾
每100克所含的能量為188千卡
新鮮的杏
每100克所含的能量為31千卡
富含 β 胡蘿蔔素和鐵

杏含有大量的身體可以轉化為維生素A的 β 胡蘿蔔素。對於有感染和皮膚問題的人，或者有患癌症危險的人，如吸煙者，成熟、新鮮的杏理應成為其食譜中定期食用的部分。

由於其高纖維含量，杏乾是治療便秘的極好藥物；但杏乾的糖含量也很高（因此糖尿病患者對其要小心對待），並且經常是用二氧化硫進行防腐處理的，會引發哮喘病發作，因此食用前要沖洗乾淨。由於杏乾是鐵的極好來源，每天吃幾個杏乾對分娩年齡的女性有益。杏乾所含的鉀，也會刺激身體除去過多的水分和鹽分。

✚ 對治療所有皮膚和呼吸系統疾病都是極好的；對患癌症的人有益。

✚ 杏乾還對治療便秘、高血壓、貧血症和水腫等疾病極為有效。

✚ 最好生吃或乾製後食用。

油桃

桃

油桃和桃

② ④ ⑤ ⑨

油桃
每標準客所含的能量為60千卡
桃
每標準客所含的能量為36千卡
富含維生素C和鐵

許多有關食物的書籍把桃和油桃說成是同一水果的不同品種。實際上，油桃只是桃的一種基因變異品種，並且都是梅子、李子和杏所屬的薔薇科李屬的成員。由於早期的植物學家認為桃起源於波斯（Persia），這一物種在植物學上的名字叫做"Persica"。現代觀點則認為，桃起源於中國，而由早期的商人帶到波斯。

食品應急小秘方

●如果你足夠幸運，在你的花園裡有一棵桃樹，桃樹葉子可以製成一種很好的治療癤子的膏藥。將桃樹葉浸入沸騰的水中直至變得彎曲，壓出多餘的水，充分冷卻不再燙之後，輕輕地將它們敷在受感染的區域並用一塊乾淨的布蓋在上面。

在營養價值上，桃和油桃之間幾乎沒有差別：都含有大量的維生素C（一個油桃可以提供一天之所需）、少量的纖維、適量的能量、少量β胡蘿蔔素和礦物質。

桃乾含有更多的卡路里，但100克就可以提供幾乎一天所需的鐵和每日所需鉀的三分之一。罐裝的桃吃起來味道可能很好，但幾乎所有的維生素C都已流失；桃通常被罐裝於高濃度糖漿中，因此所含的卡路里很高。

桃和油桃幾乎不含脂肪和鈉，這使它們成為有膽固醇和血壓問題的人的理想食物。

✚ *在懷孕期食用有益。*
✚ *一種溫和的輕瀉劑。*
✚ *對低鹽飲食和高膽固醇的人有益。*
✚ *桃乾對貧血症、疲勞和便秘有好處。*
✚ *最好成熟、洗淨後生吃。*

柑橘屬水果

因其維生素C、纖維和鉀的含量
而備受讚譽

由於在維生素C含量上幾乎是無與倫比的，柑橘屬水果可以幫助保護身體不受感染，柑橘屬水果是不可溶性纖維和可溶性纖維以及鉀的特別好的來源。它們濃烈的味道，正是我們為什麼應該吃更多這些有益健康的食物的原因之一。

橘子.

在所有具有藥用價值的食物中，柑橘屬水果是最重要的一種。它們異常豐富的維生素C含量，傳統上用於預防壞血病，它們極大地提高了身體對抗細菌和病毒的天然抵抗力。美國國家癌症學會指出，日益增加的柑橘屬水果和果汁的消費量，和美國人中胃癌發病率的大幅度降低有着緊密的聯繫。

全世界每年出產數千萬噸的柑橘屬水果。目前我們所食用的柑橘屬水果，大部分是在地中海和美國培育的，但最大的單一出產國實際上卻是巴西。與在美國一樣，巴西的柑橘屬水果大部分被轉化為果汁，濃縮、冷凍並出口到世界上的其他國家。

柑橘屬水果是營養學和植物化學中的無主珍寶，它們不僅可以預防疾病，而且是有療效和促進健康的，有着十分積極的意義。

粉紅紅葡萄柚

克萊門氏小柑橘

無核小蜜橘

佛手柑（香檸檬）
請勿食用

很少有人會認為佛手柑是柑橘屬水果家族的一員。它幾乎只生長在意大利南部卡拉布里亞的沿海地區，被用來做香精油。這種油是從佛手柑的果皮中提取出來的，含有檸檬烯、蕪荽醇和佛手內酯，因而非常香。

佛手柑被廣泛用作食用香料，從格雷伯爵（Earl Grey）茶的獨特香味中最容易辨認出來。佛手柑油可以提高皮膚的感光過敏性，這也是為什麼它會被用於一些日光浴護膚液中的原因。

- ➕ *具有非常香的和與眾不同的氣味。*
- ➖ *暴露在陽光下時，佛手柑會產生超敏反應和非常令人不快的皮疹。*
- ➖ *禁止食用，但可用於芳香療法。*

克萊門氏小柑橘和無核小蜜橘
❶ ❹
克萊門氏小柑橘
每標準客所含的能量為21千卡
無核小蜜橘
每標準客所含的能量為25千卡
富含維生素C和葉酸

這些水果都是柑橘屬水果的一部分，其中無核小蜜橘、地中海柑橘和普通柑橘是主要的雜交品種。普通柑橘包括克萊門氏小柑橘、橘柑（柑橘和甜橙的雜交品種）和橘柚（柑橘、葡萄柚和柚子的雜交品種）。克萊門氏小柑橘和無核小蜜橘沒有檸檬、酸橙和葡萄柚那麼酸。儘管它們含有相當少的鉀和略少量的維生素B，它們依然是維生素C的很好來源，而且可以提供大量的葉酸。

克萊門氏小柑橘和無核小蜜橘具有比橘子更容易剝皮的優點，因而更容易被孩子們所接受。

- ➕ *有益於抵抗和治療咳嗽、感冒和流感。*
- ➕ *有益於防治癌症。*
- ➕ *最好新鮮生吃，略帶外皮下的海綿層和薄膜層。*

橘子

❶ ❹

每標準客所含的能量為59千卡
富含維生素C和 β 胡蘿蔔素

橘子有很高的維生素C含量——至少當它們剛被採摘或新榨汁時——這很大程度上可以解釋它對我們健康的有益影響，因為它們在與傳染病作鬥爭和保護大眾健康中發揮了重要作用。在外皮下的海綿層和橘瓣內壁中，橘子還含有 β 胡蘿蔔素和生物類黃酮。這些化學成分可以增強毛細血管壁。

作為美國每日推薦攝入量的一部分，一杯橘子汁可以提供110%的維生素C、8%的硫胺素（維生素B₁）、8%的葉酸（維生素B）、4%的維生素B₆、4%的鎂、2%的磷和略低於2%的蛋白質、維生素A、核黃素（維生素B₂）、煙碱酸、鈣和鐵。餐後飲用橘子汁，可以把對鐵的吸收提高2.5倍。

橘子的果實、花朵和果皮被用於草藥中已有很長時間了。橘子的果皮含有橙皮碱和檸檬烯，可被用於慢性支氣管炎的治療。由乾製的花朵泡製成的茶，是一種溫和的興奮劑。

食品應急小秘方

● 從橘子花中提煉的香精油——橙花油，作為一種溫和的鎮靜劑被廣泛用於芳香療法。把5滴橙花油滴入25毫升（1液量盎司）的媒介油中，可以被按摩進入背部、頸部和肩膀，以減輕緊張和促進睡眠。橙花油也是古龍香水中的一種主要組成成分，輕敷在額頭和太陽穴上時，可以立即減輕頭痛的痛苦。

➕ 對於抵抗傳染病和改善血液循環是極好的。
➕ 橘子汁對於治療心臟病、高血壓和水腫等多種疾病都很有好處。
➕ 最好新鮮生吃，略帶外皮下的海綿層和薄膜層。
➖ 一些偏頭痛患者會對一種或其他柑橘屬水果過敏，甚至吸入來自果皮的含油香味都會引起疾病發作。如果你無法買到有機的或脫蠟的水果，在將果皮加入食物和飲料中之前，要在熱水中洗擦外皮。

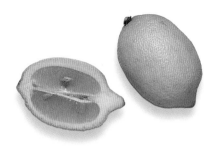

檸檬

❶ ❷ ❹ ❼

每標準客所含的能量為1千卡
富含維生素C和生物類黃酮（維生素P）

在維生素C被確認有效之前的一段很長時間內，檸檬就已作為治療壞血病的藥劑而博得名聲。檸檬具有豐富的維生素C含量——100克（3.5盎司）即可提供超出一天所需的劑量，也提供少量的維生素B、維生素E，大量的鉀、鎂、鈣、磷以及重要的微量礦物質銅、鋅、鐵和錳。通過增強白血球的活動，檸檬也刺激免疫系統。

檸檬富含生物類黃酮、檸檬烯和黏膠，後者對消化道和胃的內膜有益。檸檬汁也可擔當胰腺和肝臟的刺激劑。和熱水兩者各半混合稀釋後，檸檬汁強大的抗細菌能力使其成為治療咽喉疼痛、口腔潰瘍和牙齦炎的含漱液或漱口水的首選。

✚ *增進免疫系統。*
✚ *有助於消化疾病、口腔潰瘍和牙齦疾病。*
✚ *最好新鮮生吃，或者飲用果汁。*

超級美食

● 傳統上檸檬一直被用來治療呼吸道感染。臨睡前將熱的檸檬和一茶匙蜂蜜一同服下，是治療咳嗽和感冒的經典方法。

食品應急小秘方

● 將不加水的檸檬汁用棉籤塗抹在化膿的地方，是一種有特效的殺菌劑，尤其對痤瘡有特效；和熱水兩者各半混合稀釋後，可以進行極佳的面部清洗。如果皮膚沒有破損，檸檬汁也可以直接塗抹在唇疱疹或帶狀疱疹上。

● 通過用一片浸過粗海鹽的檸檬摩擦染病區域的表面，凍瘡即可得到減輕，但這只適用於沒有破損的皮膚，否則會造成傷害。

酸橙
❶ ❹
每標準客所含的能量為24千卡
富含維生素C和生物類黃酮

這些是最酸的柑橘屬水果，儘管其含有比葡萄柚更多的維生素C，但其維生素C含量還是略少於橘子和檸檬。栽培酸橙主要是為榨取其果汁，酸橙汁可用作其他食物，尤其是飲料的調味劑。與其他柑橘屬水果類似，酸橙含有大量的生物類黃酮。

和檸檬汁一樣，酸橙汁也具有藥用價值。

❶ 對預防和治療咳嗽、感冒和流感有益。
❶ 有益於癌症防護。
❶ 最好作為果汁食用。

葡萄柚
❶ ❹
每標準客所含的能量為24千卡
富含維生素C、鉀和β胡蘿蔔素

葡萄柚含有大量的維生素C，據估算，一個葡萄柚可以提供美國人飲食中幾乎60%的每日推薦攝入量，以及大量有益的鉀。粉紅色或紅色葡萄柚的維生素C含量略高於白色葡萄柚。

葡萄柚還可以很好地提供許多類胡蘿蔔素，包括β胡蘿蔔素，在外皮下白色的海綿層和橘瓣內壁中，還含有果膠和生物類黃酮。因此，確保你吃下整個葡萄柚，以獲得最大的益處。

❶ 有利於提高抵抗力和血液循環疾病。
❶ 對治療咽喉疼痛和牙齦出血有好處。
❶ 最好新鮮生吃，略帶外皮下的海綿層和薄膜層。

漿果類水果

因其維生素C、可溶性纖維含量而備受讚譽

漿果是那些令人驚訝的香氣十足的小水果，最好從藤蔓上摘下新鮮食用，以保持最大的香味和營養價值。漿果在營養上很重要的是其含有大量的維生素C、適量的可溶性纖維、果膠，以及其含有的很少量的礦物質，然而由於維生素C的存在，這些礦物質卻是極易被身體吸收的。

許多這種漿果，例如黑莓、藍莓、紅莓、醋栗、懸鉤子、草莓，以及不太常見的紅醋栗，仍在世界各地野生生長。它們是很古老的水果，過去傳統上被旅行者用作維生素C的來源以預防壞血病。

一些漿果，如紅莓和黑醋栗，具有藥用價值。新鮮食用時，它們可以提供最大量的維生素C；但由於許多漿果也是酸的，即使當它們被冷凍或罐裝保存時，仍可以提供維生素C的每日推薦攝入量的絕大部分。

由於漿果鮮艷的顏色和極大量的果膠，許多漿果可製成很好的果醬和果凍。漿果在製作醬汁、布丁、添加到焙烤的食物中和製成濃縮飲料等時也很受歡迎。

黑莓
❶ ❷ ❹
每100克所含的能量為25千卡
富含維生素C和維生素E

黑莓富含維生素E（雖然野生黑莓的維生素E含量比栽培的變種的含量更高），這使黑莓在心臟和血液循環疾病的預防和治療中都非常有益。它們也是維生素C的一個很好來源，使其成為一種極強的抗氧化劑，預防癌症、變性疾病和感染。黑莓還含有適量的鉀和充足的可溶性纖維、果膠，為滿足最低的日常需求作出了巨大的貢獻。

黑莓的葉子非常澀，含有大量的鞣酸，可以解釋它的許多傳統用途。它切碎後用作湯藥，可以製成一種極好的治療牙齦疾病和感染（如牙齦炎）的漱口水，也是一種有效的治療咽喉疼痛的含漱劑。30克（1盎司）的乾黑莓葉子，浸泡在600毫升（1品脫）的沸水中，也是治療腹瀉的良藥，通常每天兩杯就足夠了。

➕ 有利於心臟、血液循環和皮膚疾病。

➕ 有益於腹瀉。

➕ 黑莓葉子有利於燙傷、牙齦疾病和咽喉疼痛。

➕ 最好生吃或略煮後食用；可與蘋果很好地混合食用。

美國黑莓

● 有時也稱作 "fingerberry" 或黑山楂，這一品種含有比英國變種更多的鞣酸。它的乾樹皮或樹根傳統上被用作流浸膏，製成糖漿來治療腹瀉甚至痢疾。

食品應急小秘方

● 將黑莓的葉子在沸水中浸軟，並放置至冷卻而製成的膏藥，是治療燙傷的傳統良藥：葉子中的鞣酸擔當殺菌劑，因而幫助防止二次感染的發生。

藍莓
② ④ ⑧

每100克所含的能量為30千卡
富含維生素C

從營養價值上講，藍莓並不令人興奮，儘管其含有適量的維生素C、少量的維生素B₁、β胡蘿蔔素和鉀。然而正是藍莓的自然化學特性，使其在藥用條件下極具價值。藍莓含有抗菌花青素，對血管有增強作用，這使其成為治療靜脈曲張、膀胱炎和其他泌尿器官感染的有效輔助藥劑。

　　藍莓被曬乾後，其鞣酸和其他抗菌成分的濃度顯著提高，這大概可以解釋斯堪的納維亞的乾藍莓湯作為腹瀉治療藥品的效力。

✚ 有利於食物中毒和腹瀉，可以作為抗菌劑。
✚ 有益於治療膀胱炎和其他泌尿器官感染，也有益於靜脈曲張。
✚ 最好生吃，或製成傳統的藍莓小鬆糕食用。
➖ 如果過量食用，其所含果糖會導致腹瀉。

覆盆子
① ② ④ ⑤

每標準客所含的能量為15千卡
富含維生素C和可溶性纖維

和葡萄類似，覆盆子幾乎會出現在醫院的每張藥方上。這種美味的水果是維生素C的豐富來源——每100克可以提供英國每日推薦攝入量的75%。覆盆子也是可溶纖維、果膠的有效來源，並且含有少量的鈣、鉀、鐵和鎂——這些對於康復期病人，以及患心臟疾病、疲勞或萎靡不振的人都是至關重要的，並且由於維生素C的存在，這些都極易被身體吸收。

　　草本植物學家對覆盆子的降溫作用評價很高，這在發燒狀態時十分有效。作為天然的收斂劑，覆盆子會有益於你的整個消化道，幫助遏制海綿化、牙齦疾病、肚子痛和腹瀉。

✚ 有利於免疫系統、癌症防治和口腔疾病。
✚ 最好新鮮食用。

紅 莓
❶ ❽

每標準客所含的能量為11千卡
富含維生素C

紅莓是北美洲本地產的很少的幾種水果之一，並且幾個世紀以來，北美洲土著人都把這些特別的漿果既做食物又做藥物食用。

北美洲土著人用紅莓汁清洗傷口，他們的巫醫將紅莓製成膏藥來取出箭傷中的毒。由於紅莓中維生素C的存在，早期的美國移民消除了壞血病的恐懼；不久以前，美國的捕鯨船還攜帶着成桶的紅莓，正如英國的船上攜帶着酸橙那樣。時至今日，美國人還用由火雞、玉米麵包、甘薯、南瓜餅和紅莓醬等做成的感恩節大餐來慶祝十一月的第四個星期四。

幾十年來，美國民間傳說都提倡在急性和慢性膀胱炎復發的治療和防治中使用紅莓汁，並且一系列科學研究現在也進一步證實了這一古老樸素的常識。通常認為，是紅莓汁的酸性和其含有的馬尿酸產生了抗菌作用；但現在幾乎確定無疑的是，這並不是紅莓最重要的成分。紅莓含有一種覆蓋在膀胱、腎以及其間相互連接的管的壁上的成分，可以防止細菌附着在這些易受感染的組織上，它們常常在那裡正常地生存和繁殖。現在已證明，每天飲用一杯紅莓汁，在殺滅泌尿系統細菌方面，具有十倍於傳統抗生素的功效。

其他研究進一步證明，只要每天飲用一杯紅莓汁，多數慢性泌尿系統感染患者都會免受感染。總的說來，這樣的結果要好於那些使用傳統抗生素治療獲得的效果。

✚ *有益於膀胱炎和其他泌尿器官感染。*

✚ *有利於增進人體免疫系統的功能。*

✚ *最好飲用未加糖的果汁。*

草莓
❶ ❹ ❺ ❻

每標準客所含的能量為27千卡
富含維生素C和可溶性纖維

有一種很流行的説法，患有關節炎的人應該遠離草莓，因為它們是酸的，但這是極為荒誕不經的。偉大的瑞典植物學家林奈（Linnaeus）將草莓推薦為治療關節炎、痛風和風濕病的良藥。他用自己的個人經驗表明，除了早晚吃草莓外，他幾乎沒有吃其他藥物就治好了自己的痛風。這種令人愉快的療法之所以起作用，很可能是因為草莓可以幫助從身體中消除起組合刺激作用的尿酸。

草莓被認為可以降低高血壓，而且在歐洲傳統醫學中，草莓被推薦用來消除腎結石。草莓含有適量的鐵，由於其非常高的維生素C含量，鐵可以很好地被吸收，使其在貧血症和過度疲勞的預防和治療中很有幫助——100克（3.5盎司）草莓可以提供你每天所需維生素C的幾乎兩倍。

草莓富含可溶性纖維、果膠，可以幫助排除膽固醇。這與其強大的抗氧化特性結合起來，使其在防治心臟和血液循環疾病中非常有效。也有不斷增加的證據表明，這些美味的水果也具有抗病毒特性。這是一種不需要一匙糖幫助就可服下的藥物。這些美妙的漿果可以單獨食用，或者在開始進餐時食用，以獲得其最佳的治療效果。

超級美食

●正當時令時每天吃一些草莓，是你所能買到的最廉價、最美味和健康的保險。

➕ *有利於癌症防治、痛風、關節炎和貧血。*
➕ *最好成熟後新鮮食用。*
➖ *個別人會產生嚴重的過敏反應。*

醋栗
❶ ❷ ❽

每100克所含的能量為40千卡
富含維生素C和蘋果酸

醋栗是維生素C的一個極佳來源，每100克新鮮的醋栗即可提供英國每日推薦攝入量的一半以上。由於其較高的酸含量，在烹製和罐裝過程中只有很少的維生素C流失，這使醋栗成為很少的維生素C含量很高的罐裝水果之一。

可惜的是，醋栗（gooseberry）擁有相當奇怪的名聲："playing gooseberry"（即"不知趣地和一對情侶湊在一起"）、"嬰兒是在醋栗樹下撿來的"，因為它不僅有益健康而且十分美味，不管是生吃、烹製成餡餅、製成果汁，或者甚至是釀製成傳統的英國鄉村酒。醋栗在英國和法國尤其受歡迎，其法文名"groseille à maquereau"即來源於法國人與鯖魚（吞拿魚）一起招待客人的美味的醋栗果汁。在英國，同樣的果汁通常同肥肉，尤其是鵝肉一起供應。然而醋栗名稱的起源與鵝肉（goose）毫不相干，而是來源於法語的詞根"groseille"。

由於其很高的蘋果酸含量，醋栗在所有泌尿器官感染的治療中都極具價值，因為它可以幫助酸化尿液而不會導致胃部過度不適。醋栗也是可溶性纖維的有效來源，這使其成為治療便秘的美味良藥。

食品應急小秘方

● 對於非常嚴重的感冒，將一茶匙醋栗果醬、一茶匙黑醋栗果醬和半個檸檬的果汁在一杯沸水中混合，每天飲用三次。

✚ 有利於增強人體的天然抵抗力。

✚ 有益於便秘。

✚ 對泌尿器官感染有幫助。

✚ 最好生吃（甜品用變種）或稍作燜燉後食用（烹飪用變種）。

紅醋栗

❶

每100克所含的能量為21千卡
富含維生素C和鉀

紅醋栗是黑醋栗的兄弟品種，但它們的營養價值有相當大的不同。這種植物在大部分自然條件下都可以很好地生長，並且非常地耐寒，在像英國、北歐、美國和西伯利亞這樣不同地理位置的氣候條件下均可以生長。在樹籬和溝渠中經常可以發現野生的紅醋栗，它的果實通常是紅色的，雖然人工栽培的變種也會結出白色的果實（這一品種不含維生素A）。

儘管紅醋栗所含的維生素C只有黑醋栗的四分之一，但100克的紅醋栗仍可提供英國每日推薦攝入量的維生素C。這使它在改善免疫系統的自然功能方面頗有價值。儘管烹飪時會損失一部分維生素C，但用作醬汁、果汁或與其他水果一起煮時，紅醋栗對康復期食譜仍可做出重要的貢獻。紅醋栗還可以提供適量的鐵和纖維，以及大量的鉀，這些在烹飪過程中都不會損失掉。

草藥醫生傳統上推薦紅醋栗汁作為發燒病人的降溫飲料。由於紅醋栗很高的酸含量，英國人將"帶臭味的"的野禽（風乾直至開始腐爛的野禽）和紅醋栗果子凍一起食用的傳統，被認為可以保護身體免受有害的細菌感染。

食品應急小秘方

●紅醋栗果醬是一種防腐劑，用大量冷水冷卻灼傷部位後塗抹紅醋栗果醬，可以減輕疼痛並防止起泡。

✚ 有利於增強人體免疫系統的功能。

✚ 紅醋栗汁是治療發燒的降溫、提神飲料。

✚ 最好生吃或蒸煮後食用，或製成果醬或果汁。

黑醋栗

❶ ❷ ④ ⑤

每100克所含的能量為28千卡
富含維生素C

黑醋栗是異常豐富的維生素C來源，含有同等重量橘子四倍的維生素C——60克（2盎司）的黑醋栗即可提供60毫克這種至關重要的維生素，而且這在黑醋栗中是特別穩定的。這種極小的漿果中所含的維生素C，是一種強有力的抗氧化劑，可以防治心臟病、血液循環疾病和各種各樣的感染。但黑醋栗中也含有豐富的鉀和極少量的鈉，對水腫極有幫助，它對於高血壓的治療也非常有益。

在黑醋栗紫黑色的外皮中有被稱作花青素的色素，具有殺菌特性和刺激作用，這些都經過試驗並在咽喉痛的民間療法中得到很好的應用——很慢地吸吮熱的黑醋栗汁。製作熱黑醋栗汁的一個簡單的方法，是將半杯黑醋栗放在兩杯熱水中用文火煨10分鐘，然後過濾並加入一些蜂蜜；或者將沸水加入一茶匙黑醋栗果醬中。由於許多引發腸胃不適的病原體會被花青素破壞，這一強大的抗菌效果，在食物中毒的治療和預防中頗有價值。

食品應急小秘方

● 黑醋栗的葉子也有很重要的藥用價值，含有揮發油、鞣酸和更多的維生素C。把它們沏成茶後製成含漱劑，可以緩解口腔潰瘍。飲用這種茶可以對腎上腺產生直接作用，刺激交感神經系統，從而幫助緩解緊張和焦慮問題。

✚ *對治療感冒、流感和咽喉痛有好處，有益於增強免疫系統的功能。*

✚ *對癌症防治以及治療水腫、高血壓、緊張和焦慮等均有幫助。*

✚ *對於治療腹瀉和食物中毒等有好處。*

✚ *最好飲用果汁、食用果醬，或與其他水果略煮後食用。*

熱帶水果

因其維生素A、維生素C和纖維
含量而備受讚譽

在溫暖氣候下生長的許多熱帶水果，在新鮮和成熟時都有強烈的香味，給正餐和快餐都增添了奇妙的品種和顏色。由於它們出產自世界各地不同的熱帶國家，現在作為進口的新鮮水果，它們在超級市場中全年都可以買到。為獲得最佳的香味、營養價值和質量，在其即將成熟時購買熱帶水果，並讓它自然成熟。許多水果，如香蕉和芒果，在很久以前就已廣泛種植；而其他一些水果，如獼猴桃、木瓜和番石榴，最近這些年才變得普遍。

木瓜

具有鮮艷顏色和深橘黃色的水果，是維生素A的豐富來源。它們所含的維生素C含量不同，但即使含量較小的，如很受歡迎的獼猴桃水果，其維生素C含量其實也比一個橘子豐富。香蕉和其他熱帶水果因其鉀含量而非常著名，許多水果提供少量的其他礦物質，並且也是纖維的有效來源。

一些熱帶水果，如菠蘿、芒果和番石榴，作為罐裝水果隨處都可以買到。但最好設法找到罐裝於果汁中的水果，而不是罐裝於糖漿中的水果；或者乾脆將糖漿丟棄，因為其主要成分是添加的糖。

西瓜

葡萄
❶ ❷ ❸ ❺ ❻ ❽
每標準客所含的能量為60千卡
富含芳香族化合物

葡萄用作葡萄乾和葡萄酒的生產，在很早以前就流傳甚廣。歐洲的Vitis vinifera種葡萄是大部分現代葡萄產品的根源品種。它於1492年被哥倫布（Columbus）帶到美洲大陸，又被西班牙人和葡萄牙人帶到北美和南美。美國現在是葡萄和葡萄乾的世界第二大出產地。

葡萄是富有營養的、可強化和淨化身體的、可再生的無與倫比的食物，對於患病之後的康復非常理想，而且對於貧血、疲勞和失調（如關節炎、痛風和風濕病，這些可能會由排泄不良產生）等都十分有益。

葡萄的營養價值已被聖雄甘地（Mahatma Gandhi）所確認，他在漫長的齋戒期間飲用葡萄汁。只吃葡萄的齋戒後來被用於一系列失調症的治療，包括皮膚疾病、泌尿系統紊亂和痛風。每隔10天做兩天只吃葡萄的齋戒，很受那些想減肥的人歡迎。並且許多理療家都相信，由於葡萄在胃中發酵很快，葡萄要單獨吃，而不要作為正餐的一部分。咀嚼葡萄也被推薦用於牙齦感染的治療。

葡萄含有極大量的芳香族化合物，並且其含量遠遠大於其他所有水果。這其中最重要的，是收斂性鞣酸、黃酮、紅色花青素、蕪荽醇、香葉醇和橙花醇。這些被認為是使葡萄具有防癌作用的主要成分。

➕ 有利於康復期、減肥、貧血和疲勞。

➕ 有益於預防癌症。

➕ 最好生吃。

➖ 由於大部分葡萄在栽培時會不間斷地噴灑農藥，用流動的溫水十分仔細地清洗葡萄是極其重要的。

香蕉

大蕉

香蕉和大蕉
② ④ ⑤ ⑨

香蕉
每標準客所含的能量為95千卡
大蕉
每100克所含的能量為117千卡
富含鉀、維生素B₆和葉酸

香蕉是自然界中奇跡般的食物之一，充滿了各種營養成分，是完美的快餐食品——在自己外皮的包裝中即可上市。由於誤認為它有增肥作用，減肥者通常會遠離香蕉，但每個香蕉只含95千卡的能量，而且還提供了極高的營養價值。

香蕉中的澱粉不易被消化，這也是為什麼香蕉要等成熟（外皮變成有斑點的褐色）後才能被食用，這時絕大部分的澱粉已轉化為糖。生吃時，大蕉中的澱粉會使人相當不適，但經過烹製後就可避免。成熟的香蕉對治療便秘和腹瀉極為有益，也可以幫助從身體中排除膽固醇。大蕉中含有非常豐富的特定的澱粉，對胃潰瘍的治療和預防極其有益。它們作為主要的能量來源和主食，在印度、東南亞、南美和東非等地已被食用了幾個世紀。

香蕉較高的鉀含量，可以幫助預防抽筋；與容易獲得的能量相結合，意味着香蕉是從事劇烈運動的人的理想快餐。一根香蕉含有剛好超過每日所需量四分之一的維生素B₆，因而也適合於患有經前不適症狀（Pre-Menstrual Syndrome, 簡稱PMS）的女性食用。

✚ 有利於從事體力勞動的人和膽固醇過高的人。

✚ 有益於治療胃潰瘍、慢性疲勞綜合症、筋疲力盡和傳染性單核細胞增多症等，並對病人的康復有幫助。

✚ 香蕉最好成熟後生吃；大蕉未充分成熟時最好烹製食用。

食品應急小秘方

●由於其較高的鎂含量，將一些香蕉的皮埋在覆盆子莖周邊的土壤裡，可以保證覆盆子的果實多汁且有漂亮的顏色。

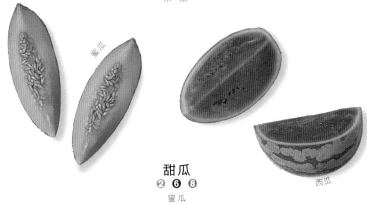

甜瓜
❷ ❻ ❽

蜜瓜
每標準客所含的能量為29千卡
西瓜
每標準客所含的能量為62千卡
富含維生素C和鉀

西瓜

甜瓜與黃瓜、南瓜、西葫蘆以及葫蘆等都屬於同一種群的植物。自遠古時代起，甜瓜就在亞洲開始栽培，它對於埃及人、希臘人和羅馬人來說都是一種有價值的水果。甜瓜首先在西歐被法國人栽培，從16世紀開始被草藥醫生使用。蛇瓜是一種非常長的瓜，可以生吃或者醃製，被希伯來的預言家以賽亞（Isaiah）稱為"黃瓜"。不過，最初出產於東印度群島和非洲的西瓜，才是一種最令人提神的食物，已經被用作藥用很長時間了。西瓜的種子被認為是治療寄生蟲和泌尿器官感染的良藥。

甜瓜在炎熱天氣裡是一種降溫、美味的享受，一大片鬆脆的粉紅色的西瓜比任何罐裝的汽水飲料都更令人心曠神怡。西瓜，或者是將西瓜籽在水中用文火煨30分鐘製成的茶，在傳統醫學中很早就被推薦用作治療腎和膀胱疾病的天然良藥。實際上，所有品種的甜瓜都對腎有輕微的刺激作用，並且是溫和的瀉藥，這使其對於患痛風和便秘的人很有幫助。

✚ 有益於輕微便秘、泌尿器官疾病、痛風和關節炎。
✚ 最好成熟後單獨生吃。

食品應急小秘方

●理療家主張，所有品種的甜瓜最好都單獨食用，或者至少是在開始進餐時食用，因為它們在胃中會很快發酵。最傳統的自然療法的清潔養生法之一，就是兩天只吃任何品種甜瓜的齋戒，它可以使整個系統獲得一個令人愉快的夏季休假。

菠蘿
❶❷❹

每標準客所含的能量為33千卡
富含纖維和菠蘿蛋白酶

儘管除了適量的維生素C外，菠蘿所提供的營養成分很少，但其纖維含量和分解血液凝塊的能力，使其成為優秀的心臟保護者。鮮菠蘿汁是治療咽喉疼痛的有效的民間驗方——一種速效漱口劑，也曾經是一種令人喜愛的治療白喉的草藥製劑。菠蘿中一些有療效的化合物很可能已經過商用加工提煉，但新鮮成熟的菠蘿或鮮榨的菠蘿汁應當是你的首選。

➕ *有利於治療消化疾病、發燒、咽喉疼痛和全身性的軟組織損傷。*
➕ *一個優秀的心臟保護者。*
➕ *最好完全成熟後吃或喝果汁。*

超級美食

● 菠蘿蛋白酶只存在於新鮮的菠蘿中，可以幫助溶解導致青腫的凝固了的血細胞——新鮮的菠蘿很早就代替生魚片成為治療拳擊中烏青眼的良藥。

番石榴
❶❷❹

每標準客所含的能量為23千卡
富含維生素C和可溶性纖維

番石榴（尤其是胭脂紅色果肉的品種）是維生素C的一種極其豐富的來源，每個水果平均可以提供五天所需的英國推薦最小攝入量。維生素C的含量在其綠色的成熟水果中達到最大值，而當水果變得更成熟時就開始下降。番石榴還含有有效數量的煙酸（尼克酸）、磷和鈣，以及大量有益的可溶性纖維。即使是罐裝的番石榴（加工中會損失多達三分之一的維生素C含量）也會保留其纖維含量，但不要使用很濃的糖漿。很受歡迎的番石榴汁飲料，是由25%的果泥、10%的糖和65%的水組成的。

➕ *有益於增強人體的免疫力，並可幫助降低膽固醇和治療便秘。*
➕ *具有預防心臟疾病和癌症的作用。*
➕ *最好未完全成熟時生吃。*

木瓜
❶ ❷ ❸ ❹

每標準客所含的能量為50千卡
富含維生素C、纖維及β胡蘿蔔素

這一美味、營養豐富的熱帶水果，最初原產於墨西哥南部和哥斯達黎加。多虧西班牙人在16世紀中葉將木瓜傳入馬尼拉，它現在在整個熱帶地區都在種植。到目前為止，世界上最大的出產地是美國，其中大部分木瓜出產於夏威夷。

由於木瓜全年都結果，並且是維生素C的很好來源，從營養上講，木瓜是發展中國家很重要的植物食物。與大部分其他橘黃色水果和蔬菜類似，木瓜也是β胡蘿蔔素的極好來源，β胡蘿蔔素可以被身體轉化為維生素A。因此，木瓜對於治療皮膚疾病和增強身體的免疫防禦機能是極好的。

木瓜對於病人也是很好的食物，它的果肉鬆軟且易於咀嚼。但是與新鮮的水果相比，罐裝的木瓜營養很貧乏，幾乎全部的維生素C和超過一半的β胡蘿蔔素在罐裝加工過程中損失了。

由於平均每個水果含有3克纖維，木瓜也可以幫助降低膽固醇水平、保持正常的腸道功能。木瓜中最重要的成分是一種叫做木瓜蛋白酶的酶，對消化有極大的幫助，但在未成熟的水果中存在更大量的這種酶。在南美的烹調方法中，肉常被包裹在木瓜葉子中，以製作出更柔嫩多汁的美食。

當被添加到泡菜、醋和油中時，木瓜的種子會產生味道濃厚的香味；它們也是一種治療寄生蟲的傳統藥物。而木瓜的葉子，也已被用於促進傷口、癤子和腿部潰瘍的快速痊愈。

✚ *有利於消化疾病。*
✚ *有益於皮膚和改善人體的免疫系統。*
✚ *最好成熟後生吃。*

超級美食

●*每個木瓜果實，平均可以提供兩倍的每日最少所需的維生素C和超過四分之一的維生素A。*

芒果
❶ ❸

每標準客所含的能量為86千卡
富含維生素A、C、E和纖維

芒果充滿着營養成分，一個芒果平均可以提供超過一天所需的維生素C、三分之二的維生素A、接近一半的維生素E和幾乎四分之一的纖維，還含有鉀、鐵和煙酸（尼克酸）等有益成分。正是這些極易消化的抗氧化劑的奇妙結合，將芒果添加到了每個人每周採購的清單上。芒果有很多變種，但我特別喜愛的是較小的、格外甜的出產於巴基斯坦的芒果，但令人沮喪的是其上市季節很短。

在其出產地印度，芒果是生活方式的一部分，而且全年都可以吃到——在炎熱季節，飲用由打成果泥的芒果製成的飲料來補充體液，尤其是經過過濾並與鹽、糖蜜和枯茗混合後製成的"panna"。

當芒果很便宜且供應充足時，可以用芒果做奶昔、餡餅的餡和醬汁，或者將其製成果醬。

準備新鮮芒果最簡單的方法，是盡可能靠近果核切下芒果的側面；然後，用鋒利的刀子在果肉的裡面刻劃十字形的圖案；將整段芒果的裡面翻到外面，這樣你就剩下了看起來像刺猬的芒果小立方體，於是你就可以吃掉它了；而帶有果核的中間一段可以剝掉皮後咀嚼或切下來。

超級美食

●在印度阿育吠陀醫學中，芒果的果肉被用來治療高血壓和糖尿病，消過毒的嫩枝可以代替牙刷以保持口腔衛生，樹皮可以作為治療腹瀉的藥物，甚至其種子也可以製成粉末用於治療陰道分泌物。

➕ *有益於病人的康復，並對皮膚疾病、免疫系統和癌症預防有幫助。*

➕ *最好生吃。*

➖ *芒果和毒葛屬於同一科，其果皮非常有刺激性並會導致嚴重的反應，尤其是在其未完全成熟之前。*

獼猴桃

① ② ③

每標準客所含的能量為29千卡
富含維生素C、纖維和鉀

在新烹調法的菜餚中，獼猴桃沒有十分漂亮的外觀。但這種穿着"拙劣的毛皮大衣"的小水果是令人吃驚的營養豐富的寶庫。它原產於中國，後來新西蘭的種植者推廣了它，並以新西蘭的國徽——幾維鳥（Kiwi bird）命名，這種水果從此就以"奇異果"（Kiwi fruit）而聞名。

獼猴桃含有的維生素C幾乎是橘子所含的兩倍，它所含的纖維更多於蘋果。一個獼猴桃可以提供你每日所需維生素C的兩倍。與其他水果相比不同尋常的是，即使在採收不久之後會有所損失，獼猴桃的維生素C含量依然保持十分穩定，其中的90%在儲藏六個月之後仍存在於水果之中。

獼猴桃的鉀含量也特別豐富，而在西方人的飲食中，經過加工的食物中鈉鹽含量很高，鉀缺乏十分危險。缺乏這種對我們身體中的每個單細胞都至關重要的礦物質，會導致高血壓、萎靡不振、疲乏和消化不良。每個獼猴桃平均可以提供大約250毫克的鉀，而只有大約4毫克的鈉。

購買獼猴桃時，選擇那些充分軟的、在輕微壓力下就會塌下去的獼猴桃。它們可以被儲存在冰箱裡，在吃之前才剝掉外皮。

獼猴桃的纖維含量以及其獨特類型的黏膠，使獼猴桃成為一種優秀但非常溫和的輕瀉劑。這使獼猴桃成為經常缺乏維生素C和易患慢性便秘的老年人的理想水果。獼猴桃也含有一種叫作陰離子蛋白酶的酶，對於消化是一種有效的幫助，其作用與在木瓜中發現的木瓜蛋白酶類似。

➕ *有利於免疫系統、皮膚和消化疾病。*

➕ *最好生吃——像剝煮熟的雞蛋一樣剝下獼猴桃的外皮，用茶匙吃下。*

乾果
因其礦物質和纖維含量而備受讚譽

現在市場可以買到很多種乾果，從常見的葡萄乾到外來的芒果乾。乾果提供了急需能量的非常濃縮的來源，因此它們成為很受運動員、步行者和登山家歡迎的零食。乾果不但是很好的能量提供者，而且也含有大量的鐵、鉀和硒以及少量的某些其他礦物質，還含有纖維和維生素A（橘黃色的乾果）。

葡萄乾

由於其較高的含鐵量，乾果為緩解貧血做出了巨大的貢獻；因乾果所含的纖維使其成為有效的輕瀉劑，乾果對於那些患有便秘的人也非常有幫助。

因為其芳香的氣味和極為重要的營養價值，許多家長逐漸認識到，對於他們的孩子來說，乾果是比糖果或甜食更有價值的食物。但是，乾果的黏性意味着它們會提高蛀牙的發病率，因而應該作為零食適度地食用。乾果切細後放在色拉中、煮燉後做成蜜餞，或者製成美味的醬汁後與開胃菜或肉一起供應，都是非常有益的。在烘焙食物中，乾果是糖的很好的替代品，幫助你降低、甚至除去許多食譜中所含的糖。

李子脯

椰棗

② ④ ⑤ ⑨

新鮮椰棗
每100克所含的能量為96千卡
乾椰棗
每100克所含的能量為248千卡
富含鐵和鉀

椰棗在整個中東地區種植至少已經5,000年了，它已經成為世界上這一地區一種非常重要的糧食作物。它們可以被用作糖的替代品，可以作為主食，甚至可以製成發酵了的含酒精飲料。乾的椰棗甚至可以磨成麵粉。

新鮮椰棗所含的能量遠低於乾椰棗；新鮮椰棗還含有適量的維生素C，但乾椰棗中幾乎不含維生素C。不過最令人感興趣的還是椰棗中所含的礦物質，尤其是鐵，但這一點似乎在東方之外的國家很少受到賞識。椰棗的一兩個變種所含的鐵非常少，但絕大多數都貢獻巨大。這一點，加上椰棗極易獲得的能量，使得椰棗成為患有貧血和產生慢性疲勞的疾病的人極好的營養物。所有的椰棗都是纖維的適當來源和鉀的豐富來源。儘管椰棗僅含有少量的維生素B，但卻能提供適量

的葉酸。

傳統上阿拉伯人將乾椰棗與茶或咖啡一起吃，但他們也會將乾椰棗與脫脂乳或粗酸奶混合，製成一道極具營養價值的菜。在被壓縮的乾椰棗上撒黑芝麻而做成的餐後甜點，可以增加多不飽和脂肪酸與蛋白質，使這一美味零食實際上成為一頓大餐。

✚ *對貧血、病毒引起的疾病和慢性疲勞綜合病症極好。*
✚ *有益於便秘。*
✚ *最好作為零食或開胃食品在餐前食用。*

食品應急小秘方

● *為愛情生活沒有激情而苦惱嗎？在整個中東地區，椰棗被認為是一種非常有效的性慾刺激劑。*

李子脯
② ④ ⑤
每標準客所含的能量160千卡
富含鉀、鐵和纖維

李子脯是李子樹的一種特定變種的乾果，這一變種多數生長在波爾多下轄的一個叫作阿讓（Agen）的法國小鎮周圍。李子脯具有非常古老的傳統，可追溯至十字軍遠征時期，十字軍將其從中東地區帶回英國，但毫無疑問，是阿拉伯人培養了第一個"pruneaux d'Agen"———個和葡萄美酒中的"Appelation Contrôlée"歷史一樣悠久的商標。但現在加利福尼亞生產的李子脯，是世界其他地區全部產量的兩倍，佔世界總產量的70%。

超級美食

●如果你非常認真地試圖降低你的脂肪攝入量，在烘烤時用做成果泥的李子脯作為脂肪的替代物。李子脯可以用作黃油、人造黃油或油類的直接代替者。由於其具有天然的甜味，你也可以降低大部分蛋糕食品中糖的含量。

李子脯富含鉀，因此對於那些患有高血壓的人頗有價值；它還富含纖維和鐵，並含有有效數量的煙酸（尼克酸）、維生素 B_6 和維生素A。李子脯是能量的一個極好來源，易於消化並且每100克可以產生160千卡的能量。李子脯還含有一種化學成分羥苯基吲哚滿二酮，可以刺激大腸的平滑肌，這使它成為一種非常溫和的沒有任何催瀉作用的輕瀉劑。

➕ 有利於便秘、高血壓、疲勞和嗜眠症。

➕ 最好原樣直接食用、浸濕或者在烹飪中使用；李子汁具有很高的營養價值。

➖ 商品化生產的李子脯可能會用硫磺處理過並塗上一層礦物油，在溫水中多清洗幾次以除去這些添加劑。

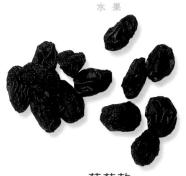

葡萄乾
❷ ❹ ❺

每標準客所含的能量為82千卡
富含天然糖、纖維和鉀

葡萄乾就是乾葡萄，最好的是在葡萄藤上自然變乾的那種。傳統上葡萄乾被擺開放在地面上，葡萄串每7至10天翻轉一次，持續大約三周時間。澳大利亞和加利福尼亞的現代的生產方法，使用有屋頂但四面敞開的工棚，以及機械化收割，可以切斷葡萄串下的葡萄藤，這樣葡萄在葡萄園就開始脱水了。

葡萄所有的營養價值都被濃縮進葡萄乾，這使得葡萄乾成為速效能量的極好的儲藏所——每100克（3.5盎司）葡萄乾含有70克的天然糖、葡萄糖和果糖。因此，對於運動員、步行者、登山家和患有慢性疲勞的人來説，葡萄乾是理想的高能量食品。

不同於高糖含量的糖果，葡萄乾還富含其他營養成分：纖維（可以幫助降低膽固醇和改善腸的功能）、鐵（每100克可以提供女性每日推薦攝入量的25%以上）、硒、大量的鉀（可以防止

水腫和幫助降低血壓）。葡萄乾也含有少量的維生素A以及少量但相當重要的維生素B。

➕ *有益於治療高血壓、水腫、精力衰弱、貧血和便秘等多種疾病。*

➕ *最好徹底清洗後作為零食食用，或者添加到色拉或果盤中。*

➖ *商品化生產的葡萄乾可能會用硫磺處理過並塗上一層礦物油，在溫水中多清洗幾次以除去這些添加劑。*

超級美食

● 作為食物、可迅速獲得的能量和維生素B的組合體，葡萄乾成為所有患有抑鬱、焦慮和神經過敏的人的完美的零食。

無花果
❶ ❷ ❹ ❾

新鮮無花果
每100克所含的能量為43千卡
乾無花果
每100克所含的能量為213千卡
富含 β 胡蘿蔔素和纖維

無花果從最初有文字記載的時期開始就已被人類所重視。亞當和夏娃用過無花果的葉子，還有許多其他的聖經故事提及無花果，證實其作為食物、藥物以及繁榮的象徵的價值。在古希臘，奧運會運動員進食大量的無花果以增進耐力。印度教教徒認為無花果樹是神聖的，它的一種變種——印度榕樹還被廣泛用於阿育吠陀醫學中。

現代科學證明，無花果是抗癌藥劑苯甲醛的豐富來源。它還含有治療功用的酶、類黃酮和無花果蛋白酶，這種酶可通過軟化蛋白質食物來幫助消化。總而言之，無花果是鐵、鉀、β 胡蘿蔔素、可溶性和不可溶性纖維及能量等的一個極佳來源。在東方和亞洲的許多地方，無花果還被認為是一種有特效的催情劑。新鮮和乾的無花果，以及無花果糖漿，是極佳的輕瀉劑。

➕ 有益於增加能量，並對便秘、消化疾病、貧血和預防癌症等有好處。

➕ 最好成熟後新鮮生吃；乾無花果既可以原樣直接食用，也可以浸泡後成為乾果果盤的一部分。

食品應急小秘方

● 可以用無花果來治療瘰子、膿腫和牙齦潰瘍：把新鮮無花果放在烤箱中烤半小時，將其切成兩半後把熱無花果糊塗抹在發炎部位，把瘰子中的膿拔出來。

● 從無花果破碎的葉子或莖中擠榨出牛奶狀的汁液，將其塗抹在疣子上。首先將周圍的皮膚用凡士林覆蓋以避免刺激，戴上橡膠手套來擠乳液。在幾個小時之內，在疣子周圍的皮膚上會出現一個略微紅腫的環帶，然後這層皮膚會逐漸地乾癟並脫落。

蔬菜

很久以來，人們就鼓勵食用蔬菜，因為在飲食中蔬菜具有可以預防冠心病和便秘的作用，尤其是近年來還可以預防癌症。絕大部分蔬菜——從低廉的塊根類蔬菜和芸苔，做色拉用的蔬菜到異國情調的地中海式的可食用海藻（不包括味道強烈的蔥屬蔬菜洋蔥、韭菜和大蒜）——都因它們的維生素和礦物質含量而著名，直接生吃或僅進行簡單烹調，更有利於蔬菜中的保護性成分保留下來。

1998年發表的《世界癌症調查》（World Cancer Research）報告以大量人口為基礎，為水果和蔬菜的消耗量在預防癌症中的作用提供了證據。近年來，在意大利和其他國家的研究也為此提供了強有力的證據：對許多種癌症的預防作用，與蔬菜（尤其是新鮮或者生吃的蔬菜）的消耗量是有可靠聯繫的。研究報告還指出，類胡蘿蔔素、維生素C和E、硒、食物纖維、類黃酮、苯酚、植物石烯醇和蛋白酶抑制劑，可能就是起預防保護作用的成分。

六白菜

鱷梨

在某些文化中，基本飲食佐以大量豐盛的蔬菜是一種傳統；不過令人沮喪的是，其他的文化則一直將它們僅僅視作肉類或者魚類菜餚的配料。不過，隨着越來越認識到蔬菜的價值，人們正在找出無數的方法，把它們加入飲食中，以適合所有人的口味：直接生吃、單獨烹調、拌入色拉、做湯和燜燉、烘烤、做成醬泥，現在日益增多的則是榨出有趣的蔬菜汁。理療和鄉村療法很長時間以來就已經用蔬菜汁治療多種疾病，比如胃潰瘍、消化不良，甚至當作某種肝臟刺激素。在做湯、燜燉和做成醬泥時使用蔬菜，所有溶解到菜湯中的維生素都會保留在已經做好的菜中。

很多國家以馬鈴薯和山藥作為主食，它們是碳水化合物的主要來源，同時還含有一些維生素和礦物質。但是，如果要根據你的"一日五客"來計算，馬鈴薯就屬於澱粉類碳水化合物的範圍，不再被算作蔬菜。

蕪菁

塊根類蔬菜

因其維生素和纖維含量而備受讚譽

許多塊根類蔬菜，比如馬鈴薯、山藥、甘薯、蕉青甘藍和胡蘿蔔，可以向任何飲食中增加澱粉類碳水化合物，所以在健康和充飢兩方面都大受歡迎。不幸的是，那些試圖減肥的人經常被錯誤地建議要避免食用塊根類蔬菜，因為人們認為它們卡路里含量很高。實際上，添加進去的調味品或脂肪才是卡路里增多的真正原因。這些低廉然而重要的蔬菜，也是維生素A、B、C和E與小部分微量礦物質的重要提供者，同時還是食物纖維的寶貴來源——尤其是如果連皮也被吃掉的話。

深紅色和黃色塊根類蔬菜，比如甜菜根、胡蘿蔔、甘薯和蕉青甘藍，除了微量礦物質以外，還可以提供大量有益的維生素A。當應季上市時，它們是廉價而美味的充飢食品。另外一些不那麼常見常吃的塊根類蔬菜，比如朝鮮薊（包括洋薊和菊芋）、歐洲防風草、茴香，也應該在飲食中佔據一席之地，因為它們也是多種維生素和礦物質的重要來源。

絕大多數塊根類蔬菜需要烹調——煮、烤、搗碎，或者與其他配料混合做湯和燜燉——這樣它們仍然能保留絕大部分營養。一些塊根類蔬菜，如胡蘿蔔、蕪菁、小蘿蔔、新鮮的洋薊嫩苗和茴香，在應季上市時生吃味道十分鮮美。

佛羅倫薩茴香

小蘿蔔

胡蘿蔔
❶ ❷ ❸ ❹
每標準客所含的能量為21千卡
富含 β 胡蘿蔔素

胡蘿蔔含有如此豐富的 β 胡蘿蔔素，以致於僅僅一根胡蘿蔔就能為你的身體提供足夠的可轉化為一整天所需維生素A數量的 β 胡蘿蔔素。這對於健康的皮膚和抗病黏膜都非常重要，這也正是胡蘿蔔對於保護肺部和呼吸系統功能如此重要的原因所在。維生素A對於保護良好的夜間視力也很重要。和幼小的新鮮胡蘿蔔相比，深色的、深度烹調的胡蘿蔔更有利於 β 胡蘿蔔素的吸收，如果同一餐中加入了脂肪或油以幫助吸收，效果就更加明顯。無論何時，只要可能就盡量選擇食用有機種植的胡蘿蔔，避免食用可能有大量殺蟲劑殘留的胡蘿蔔。

關於癌症發生率與胡蘿蔔消耗量之間的關係，已經出版了四十多種研究報告，其中75%認為癌症風險可明顯降低。作為一種抗衰老食品，人們相信胡蘿蔔可以為抗紫外線輻射提供某種保護，有助於保護皮膚免受傷害或出現皺紋。胡蘿蔔中的其他抗氧化劑維生素C和E，使得它們成為動脈疾病患者的必需品。

在傳統的民俗中，很久以來就建議使用胡蘿蔔來治療腹瀉，尤其是對兒童和嬰兒，胡蘿蔔泥既是健康食品，又是治病良藥。理療家們推薦，可以禁食兩天，僅僅飲用胡蘿蔔汁和大量礦泉水，幫助刺激肝臟，從而減輕黃疸症狀。

✚ *對預防癌症、保護心臟、循環系統和視力有益。*
✚ *對人的皮膚和黏膜問題有幫助。*
✚ *最好食用老的或烹調過的。*

53

馬鈴薯

馬鈴薯
❷ ❹ ❺ ❻

成熟馬鈴薯
每100克所含的能量為75千卡
薯片
每100克所含的能量為239千卡
富含纖維和維生素C

馬鈴薯的營養非常豐富，而且是一連幾代愛爾蘭農業工人的主食。馬鈴薯可以提供纖維、複合維生素B，以及可防治壞血病的有用的礦物質和足夠的維生素，即使在煮熟或烘烤後也是如此。烘烤後的馬鈴薯營養價值甚至更高，因為許多重要的營養成分，包括鉀，都存在於它的表皮中。

很長時間以來，醫生們已經把馬鈴薯從打算減肥者的菜單上劃掉了，但是和流行的看法相反，馬鈴薯實際上是部分減肥者食物療法的福音。不必驚奇的是，正是我們烹製馬鈴薯的方式決定了它們是否對健康有益。在平鍋底上把馬鈴薯和肉一起烘烤，每100克馬鈴薯會增加5克脂肪；自製的油炸薯片每100克則會增加15克脂肪。油炸薯片中每100克含有大約36克脂肪（其中大約26克是低脂肪！）。與此相比，每100克煮熟或者烤熟的馬鈴薯中僅含有0.1克脂肪，但卻同樣美味可口。

雖然馬鈴薯的營養價值取決於它生長的土壤的品種和類型，但是實際上它能提供比其他絕大多數糧食作物更多的能量和蛋白質。▶

超級美食

● 在整個北歐和東歐，飲用生馬鈴薯汁來治療胃潰瘍和骨關節炎是卓有成效的療法。治療方法很簡單——半杯生馬鈴薯汁，每天四次，堅持一個月。味道當然不佳，但是你可以往裡面加入蘋果汁或胡蘿蔔汁來掩蓋它的味道，或者甚至加一點蜂蜜。還有一種選擇，你可以在喝其他任何湯前把生馬鈴薯汁放進湯裡，但千萬不要在熬湯的時候就放進去。

新收獲的馬鈴薯

馬鈴薯（續）

經過烹調後，馬鈴薯澱粉很容易消化，因此適合病人和有消化問題的人食用，尤其適合作為斷奶期嬰兒的替代食品。馬鈴薯蛋白質的生物價值和大豆幾乎一樣，因此是兒童、病人和素食者的理想食品。它能提供的維生素C超過英國每日推薦攝入量的一半多（美國的三分之一）。

✚ 對於消化疾病、慢性疲勞、貧血病有好處。

✚ 食用時最好帶表皮烘烤，或用礦泉水蒸、煮。

➖ 帶傷、變綠或者發芽的馬鈴薯含有一種叫龍葵鹼的有毒物質，食用後會使人感覺不適，如大量食用則會致命。

食品應急小秘方

●馬鈴薯皮茶——含有大量鉀，在傳統療法中被推薦用來治療高血壓。

甘薯

❶ ❸

每100克所含的能量為87千卡
富含澱粉和類胡蘿蔔素

甘薯經常被人與山藥（見次頁）混淆，許多書裡也把它們做為同一種植物的不同名稱交替使用，但實際上它們是不同的植物品種，而且山藥的營養價值更低。

甘薯是澱粉從而也是能量的良好來源。它們可以提供一些蛋白質、維生素C和E，以及大量類胡蘿蔔素，包括β胡蘿蔔素。正是這些和塊莖中的其他一些植物性化學成分使得甘薯成為非常有效的抗癌食品。每天僅僅100克甘薯就能顯著降低患肺癌的風險。如果你是一位煙民或者前煙民，這就更為重要。

✚ 對於視力問題和夜視都有好處。

✚ 對於皮膚問題和預防癌症有好處。

✚ 最好煮熟、搗碎或烘烤後食用。

山藥
❶ ❺ ❾

每100克所含的能量為114千卡
富含碳水化合物

山藥富含碳水化合物,被當作主食,特別是在非洲。它們含有一些蛋白質以及數量可觀的維生素C,但幾乎不含維生素A和E,纖維也比甘薯少得多。但它們是植物性雌性激素的來源,能夠幫助預防和荷爾蒙有關的癌症,還能幫助女性順利度過更年期。

山藥雖然是比甘薯更好的能量來源,不過它的蛋白質含量很低,但也正因為如此,人們認為它的營養性能更好。理想的狀況是兩者全都大量食用。

➕ *對能量有好處。*
➕ *最好煮熟、烘烤或搗碎後食用。*

蕉青甘藍
❶ ❸

每100克所含的能量為24千卡
富含維生素C

有益健康的十字花科大家族中的另一員是蕉青甘藍,它通常被認為只不過是一種牲畜飼料,但它是一種味道鮮美的蔬菜,而且具有所有這一類植物的抗癌功能。它含有大量的維生素C(每100克可以提供英國每日推薦攝入量的75%)以及大量有益的維生素A,幾乎不含鈉,含有一點纖維以及很少的微量礦物質,這取決於土壤的質量。每100克蕉青甘藍僅含有24卡路里能量,但是卻有足以填飽肚子的體積,這對於關注體重的人來說,真是意外的收穫。

和馬鈴薯一起搗碎的話,蕉青甘藍還是斷奶期嬰兒的極佳食品。

➕ *對預防癌症、皮膚問題和斷奶期有好處。*
➕ *最好煮熟以後食用,或者燜燉、砂鍋或做湯後食用。*
➖ *含有可致甲狀腺腫大的成分,因此那些患有甲狀腺疾病或長期接受甲狀腺治療的人,必須經過中和以後才能食用。*

甜菜根
❶ ❷ ❹ ❺ ❾
每100克所含的能量為36千卡
富含類胡蘿蔔素和葉酸

在吉普賽人的醫學中，甜菜根汁被用來作為蒼白虛弱的病人的造血劑。在俄羅斯和東歐，它被用來增強抵抗力和治療大病之後處於康復期的患者。瑞士有機園藝學的先驅雨果·布蘭登伯格（Hugo Brandenberger）博士，發明了一項乳酸發酵技術，可以使有機甜菜根汁保持最佳營養，用來治療白血病。在中歐，甜菜根多年以來就被用來治療癌症，如今，科學研究正開始解釋它的作用。在甜菜根的紅色素中必定含有特殊的抗致癌物質的成分，它還把細胞對氧氣的攝入量提高了400%。

甜菜的綠葉具有同等價值，它包含 β 胡蘿蔔素以及其他類胡蘿蔔素、大量葉酸、鉀、一些鐵和維生素C。這一切使得甜菜的根和葉對於大多數女性（尤其是準備懷孕的女性）非常有利。生甜菜根榨出的新鮮汁液是非常有效的血液淨化劑和滋補品。幾個世紀以來，它還一直是有益的消化助手和肝臟刺激物。

✚ 對貧血和白血病患者有好處。

✚ 對所有的慢性疲勞綜合症和康復期患者有好處。

✚ 甜菜根對哺乳期女性有益；甜菜的葉子對於骨質疏鬆症尤其有益。

✚ 最好生吃或者磨碎拌入色拉，葉子像蔬菜一樣烹煮；在烤箱中烘烤或者做湯。

超級美食

● 甜菜根、胡蘿蔔、蘋果和芹菜汁液的混合物，是治療急性病毒性疲勞綜合症、終日疲勞綜合症（Tired-All-The-Time syndrome, 簡稱TATT）、腺熱或者其他盧弱疾病的良藥。每餐前可飲用一小葡萄酒杯這種美味的飲料。如果你發現自己大小便時好像在排血，千萬不要驚慌——那只不過是甜菜根的顏色！

歐洲防風草
❷ ❺

每100克所含的能量為64千卡
富含纖維、葉酸和鉀

這種經常被忽略和詆毀的蔬菜應該被正名和善待。它具有獨特而可口的味道,除了被切成小塊扔進燉鍋之外,還應當有更多更有趣的食用方法。

在歐洲大部分地區,野生的歐洲防風草很久以來就已經為人所知,它往往生長在道路兩旁的白堊土壤裡或者精耕細作的田地周圍。和胡蘿蔔一樣,歐洲防風草在古代就已經開始種植——羅馬皇帝泰比里厄斯(Tiberius)曾命人把新鮮的歐洲防風草從萊茵河兩岸一直送至羅馬。在德國,人們經常在大齋節期間把它用用鹽醃製過的魚一起食用;在荷蘭,人們用它來做湯;在愛爾蘭,人們把它放在水中和啤酒花一起煮沸用來釀造啤酒;在英格蘭鄉下的傳統中,人們甚至把它做成果醬和歐洲防風草酒。

偉大的草藥醫生卡爾佩珀(Culpeper)、傑勒德(Gerard)、托納福特(Tournefort)、甚至偉大的約翰·韋斯利(Wesley),也都對歐洲防風草讚不絕口,認為它不僅是人類,也是牛和豬的高營養飼料。他們沒有說錯,歐洲防風草是必須應季食用的食品的典型例子。現代超市全年從世界各個角落搜羅可以食用的所有食品,這種傾向意味着那些過度培育的、強制生長的以及人工飼養的產品最終端上了人們的餐桌,而這些食品通常滋味淡薄,營養價值也大大降低。

歐洲防風草是有益健康的卡路里、纖維、鉀、葉酸、維生素E和微量礦物質以及其他B族維生素的重要來源。它們在經歷過第一個嚴冬的霜凍之後的味道最佳、最甜。

✚ *對於疲勞和便秘有良好作用。*
✚ *最好煮熟、搗碎或烘烤後食用(使用植物油)。*

蕪菁
❶ ❻ ❼
每100克所含的能量為23千卡
富含維生素C和纖維

蕪菁是十字花科中的另一名重要成員，具有這一神奇種屬中植物具有的所有療效。那些自己種植蕪菁的人一定知道在早春時節食用綠色多汁的嫩葉尖時的欣喜。在傳統醫學中，它們被用來治療痛風和關節炎，因為它們能夠祛除身體中的尿酸。

用牛奶煮蕪菁做成的清湯，是用來治療支氣管炎的古老的民間偏方。蕪菁除了含有少量然而十分有用的鈣、磷、鉀以及一些B族維生素以外，還是纖維的良好來源。它們也是維生素C的良好來源。

➕ 對於痛風、關節炎和胸部感染有益。

➕ 一種有效的癌症保護物。

➕ 最好拌色拉生吃，或者微微煮熟，或者放入湯和燉菜中。

➖ 蕪菁含有可致甲狀腺腫大的成分，因此那些患有甲狀腺疾病或長期接受甲狀腺治療的人，必須經過中和以後才能食用。

佛羅倫薩茴香
❷ ❽
每100克所含的能量為50千卡
富含揮發油

各種各樣的茴香的種植歷史已有2,000多年，它們淡綠色的葉子香味獨特，和魚一起烹調十分理想。它們的種子應用在醫學上也有幾百年的歷史（見第174頁）。佛羅倫薩茴香這個品種之所以被廣泛種植，是因為它有白中透綠的大球莖以及像茴芹一樣的明顯氣息和強烈味道。正是這些揮發油（如茴芹酸、檸檬油精、小茴香酮、大茴香醚）使得茴香不僅有醫療特性，還有獨特的氣味。雖然從營養上來看，它維生素和礦物質的含量並不豐富，但其球莖的卡路里含量低，可幫助排除體內多餘的水分。

➕ 對消化疾病有益，尤其是腸胃氣脹。

➕ 一種溫和的利尿劑。

➕ 最好生吃、蒸吃或煮吃。

食品應急小秘方

● 在色拉裡拌入一些茴香，或在三明治中夾上幾片茴香，來點特別的刺激。

菊芋

洋薊

朝鮮薊
② ④ ⑥ ⑧

洋薊
每100克所含的能量為18千卡
菊芋
每100克所含的能量為41千卡
富含洋薊酸或鉀

每一位法蘭西主婦都深知：洋薊是消化功能的福音，能強有力地刺激肝臟和膽囊。這種帶有苦味的化學物質叫做洋薊酸，由於它能刺激使脂肪分解消化更容易的膽汁的分泌，因此傳統上經常作為多肉大餐的第一道菜。膽汁的作用類似於用洗滌劑洗油膩膩的盤子──它把脂肪分解成細小的油珠，從而使其暴露在胃消化液中的表面面積顯著增加。

草藥學家慣用朝鮮薊的萃取物來治療高血壓，它還可以幫助身體清除膽固醇。由於還具有利尿功能，朝鮮薊還被用做清潔劑和解毒劑，幫助那些受痛風、關節炎、風濕病折磨的人解除病痛。

如果你足夠幸運能夠找到新鮮的朝鮮薊幼苗，可以加入少許橄欖油生吃，或者嫩煎後與意大利麵食一起食用，從而獲得最佳治療效果。

洋薊是薊類的一種，起源於歐洲的地中海地區。人們不會把它與菊芋混淆，菊芋是一種北美植物，17世紀時傳入法國，富含鉀但是其他成分較少。這兩種薊都含有一種叫做菊粉的化學物質，而不是澱粉。和纖維一樣，菊粉在消化過程中不會被分解，但是會在細菌的作用下在腸（結腸）中發酵，從而造成腸胃氣脹。菊芋最好做湯後食用。

✚ *對治療肝臟和膽囊問題、痛風、關節炎和風濕病等疾病都很有益。*

✚ *可以降低膽固醇，有良好的利尿效果。*

✚ *如果很小，最好生吃。比較大的洋薊應該煮熟後趁熱吃或者放冷後再吃。*

小蘿蔔

❶ ❷ ❼

每100克所含的能量為1千卡
富含鉀和硫磺

古代的法老王就已經開始種植小蘿蔔，並把它們看作價值很高的食物資源——建造金字塔的工人的報酬就是用大蒜、洋蔥和小蘿蔔來支付的。在中國傳統醫學中，直到17世紀中期，小蘿蔔還被收錄在醫學教科書中。小蘿蔔原產地在南亞一帶，直到16世紀中期才傳到不列顛，1597年才最早出現在植物誌中，但現在已經在歐洲、不列顛、中國和日本廣泛種植。

小蘿蔔是十字花科大家族中的一員，和其他成員一樣含有硫化葡萄糖苷和硫磺成分，這些成分對於那些有患癌症風險的人十分有益。但是草藥醫生已經發現的是：這種可口美味的蔬菜對於膽囊和肝臟有問題的病人更為有益。正像法國的有關研究所證明的那樣，小蘿蔔汁明顯作用於膽囊，可以刺激膽液排出。

除此以外，小蘿蔔還包含很多其他營養物質——大量的鉀、一點點鈣、大量硫磺、大量維生素C、一些葉酸和硒。但是過量食用熱辣刺激的小蘿蔔，就會物極必反：它會過度刺激肝臟、腎臟和膽囊，從而引起不良反應。

小蘿蔔應當盡可能趁新鮮生脆時食用——最好把它們的葉子也一同吃掉，這樣有助於消化。

✚ 對預防癌症有好處。

✚ 對肝臟和膽囊有問題的患者，以及消化不良和胸部有問題的患者有好處。

✚ 最好生吃。

➖ 潰瘍、胃炎以及甲狀腺疾病患者最好不要食用。

軟甜蔬菜

由於它們的維生素、β 胡蘿蔔素和纖維成分而備受稱讚

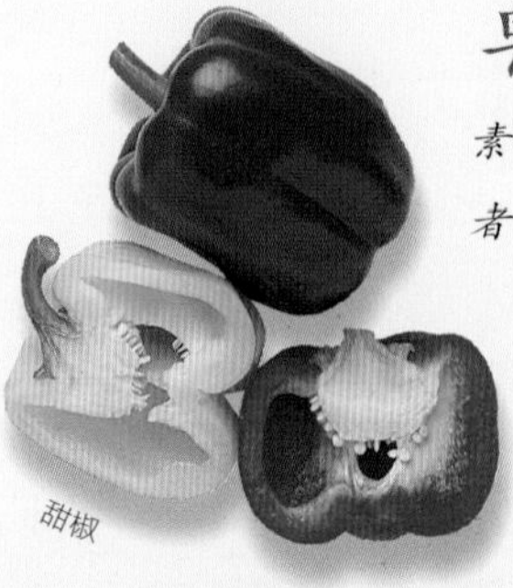

軟甜蔬菜是有益的抗氧化劑營養素A、C和E、β 胡蘿蔔素以及小部分葉酸的良好供給者，也是食用纖維的重要來源。

鱷梨是一種非常獨特的蔬菜，它所含有的單一不飽和脂肪酸使它具有光滑油膩的口感。雖然經常被人們認為卡路里含量很高，但這些稀有而獨特的卡路里可以提供抗氧化劑，幫助預防癌症和冠心病。

鱷梨和甜椒最好都是生吃。小胡瓜可以生吃或者稍微烹調後食用，而葫蘆——雖營養價值和味道都令人不敢恭維——在烘烤或者和其他蔬菜一起混合食用時，味道鮮美，卡路里含量低，也不失為一項頗佳的選擇。

南瓜和甜玉米在非洲、加勒比海和北美洲的食用比歐洲要廣泛得多。無論煮熟還是摘下來直接食用，玉米棒子都堪稱味道甜美、營養價值極高的一道盛饌。如果你很在意添加的鹽的含量，那麼罐頭包裝的玉米不失為一種攝入纖維的健康選擇。由於南瓜用途廣泛，可以用來做湯、燜燉和做甜餡餅，它在歐洲也逐漸廣泛作食用，它是 β 胡蘿蔔素的良好來源。

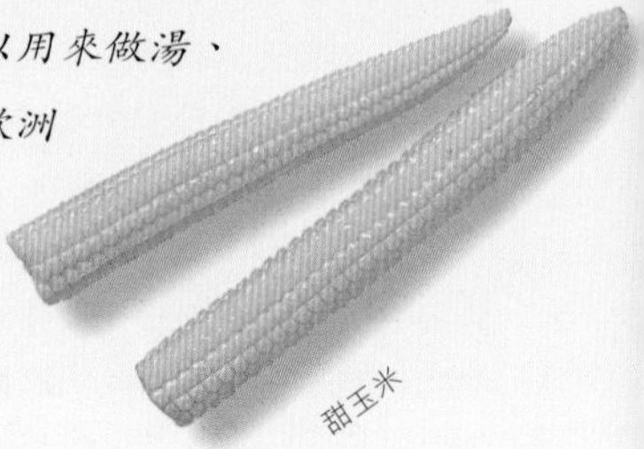

甜椒

甜玉米

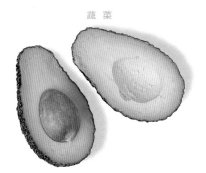

鱷梨

❶ ❸ ❹ ❺ ❾

每標準客所含的能量276千卡
富含鉀和維生素E

鱷梨可能起源於秘魯，人們相信它在8,000-9,000年之前就已經開始種植了。在危地馬拉，鱷梨的果實、乾葉、鮮葉、果皮、樹皮甚至種子，都被當地土著居民用於醫學治療。

鱷梨富含鉀，體內如果缺乏鉀就會導致抑鬱和疲憊。它還包含維生素B_6，可以幫助女性消除經前不適症狀引起的不安。由於含有維生素B和E，鱷梨還有助於緩解壓力，解決不育症和陽痿等性問題。

每一位減肥者都認為鱷梨會使人發胖，但是它的每一個卡路里都可以提供超級營養價值。它含有的大量單一不飽和脂肪酸——尤其是油酸，像橄欖油一樣——使得它成為最有力的抗氧化食品之一。正是這一特性使得它能夠為人類提供保護，抵抗心臟病、中風和癌症。

傳統醫師一向喜歡使用鱷梨的果肉和油脂作為皮膚治療藥物，現在我們已經知道，鱷梨中的化學物質能夠刺激膠原蛋白的產生，而膠原蛋白能夠消除皺紋，使皮膚呈現出年輕嬌嫩的色澤——比其他任何注射物和磨皮法都更為廉價和安全。它還是維生素A和E的良好來源，無論是食用，還是研碎後作成面膜，它們對皮膚都大有裨益。

由於鱷梨中的脂肪非常容易消化，並且含有抗真菌、抗細菌的化學物質，因此做成果泥的鱷梨對於病人、康復期患者和生病的兒童來說，是非常合適的食品。鱷梨調味醬不僅僅是一種只能和墨西哥煎玉米卷一起食用的東西，還是一種高蛋白、高能量、高保險係數的食品。

✚ 對心臟、循環系統和皮膚有好處。
✚ 可以緩解經前不適症狀。
✚ 防治癌症。
✚ 最好果實成熟後生吃。

甜椒
① ③ ④

每標準客所含的能量2-3千卡
富含維生素A和C

甜椒，和西班牙甘椒、智利辣椒一起，都是辣椒屬的成員，屬於茄科家族，這一家族還包括馬鈴薯、茄子和番茄。甜椒是綠色的，成熟後會變成紅色或黃色。整個辣椒屬的成員都原產於美洲，是哥倫布把它們介紹到歐洲，並且很快地從歐洲傳播到非洲和亞洲。北美洲土著居民食用和藥用甜椒已經有5,000多年了（見第179頁 "辣椒"）。

甜椒是人類必需營養素的重要來源。它們卡路里含量低（每100克的含量為15-32克），富含維生素C（每100克的含量為120-140毫克），同時還是維生素A的重要來源，尤其是紅色的甜椒，每100克的含量能夠滿足一天的所需。它們還能提供一些有益的葉酸，一些纖維和鉀。由於甜椒的表皮中含有一些像蠟一樣的化學物質，可以防止氧化作用，因此它們中的維生素C含量可以一直保持很高，甚至在採摘數周以後仍然如此，

尤其是保存在冰箱中的時候。甜椒中更重要的營養物質是生物類黃酮，它們強大的抗氧化特性就得益於此。這使得甜椒可以保護人類避免罹患心臟、血液循環疾病以及一些癌症。

✚ *對人的皮膚和黏膜問題有幫助。*
✚ *對於人的夜視和色視覺有益處。*
✚ *對於自然抵抗力有幫助。*
✚ *最好生吃或者燒烤後食用。*

超級美食

● 除 β 胡蘿蔔素之外，甜椒還是其他胡蘿蔔素的重要來源，最重要的是葉黃素和玉米黃質，這兩者可以防止與年齡相關的肌肉變性（age-related macular degeneration, 簡稱AMD），它是老年人視覺機能障礙的最重要的原因。

甜玉米
❷
每100克所含的能量為54千卡
富含纖維和蛋白質

甜玉米，或者玉米棒子，是一種被當作蔬菜來種植的玉米，而不是磨成麵粉做食物。雖然最甜的玉米還是你從自己的花園裡採摘並當時就煮熟品嚐的玉米，不過這些雜交品種的甜玉米還是被設計為在成熟期甚至直到收穫期之後的過程中可延緩糖分轉化為澱粉的速度，這樣它的味道就比普通的玉米更甜一些。和新鮮的甜玉米相比，罐裝的甜玉米僅含有三分之一的澱粉，含糖量則是其自然含量的五倍。但是也要注意——它還含有大量在新鮮甜玉米棒子中根本不存在的鹽。

甜玉米是蛋白質的良好來源，還包括可觀的纖維、一些維生素A和E，以及一小部分B族維生素，比如葉酸。

✚ 可以提供能量和纖維，是素食者的福音。
✚ 最好整個煮熟後食用，或者辦成單獨的顆粒，尤其是在色拉中。

南瓜
❶ ❸ ❼
每標準客所含的能量11千卡
富含 β 胡蘿蔔素

南瓜富含 β 胡蘿蔔素，它是維生素A的前體，有助於防治癌症、心臟疾病和呼吸疾病。通過人口調查發現，人類食用大量南瓜可以降低罹患肝癌的風險。由於含有維生素A，南瓜還是素食者的佳餚。南瓜的種子是蛋白質和鋅（見第105頁）的良好來源。

✚ 對防治癌症有好處。
✚ 對呼吸問題有幫助。
✚ 最好做成一道蔬菜、甜餡餅或者湯，烹調後再食用。

食品應急小秘方

● 取用60克南瓜種子，用開水燙去外表皮，然後把剩餘部分加入少許牛奶，研磨成糊狀，可以治療絛蟲。禁食12小時後服用，過兩個小時後再用某種果汁送服4茶匙蓖麻油。通常在三個小時之內，絛蟲就會被排泄出來。在其他任何情形下，一般都禁止服用蓖麻油。

小胡瓜

小胡瓜和西葫蘆
❸
小胡瓜
每標準客所含的能量18千卡
西葫蘆
每標準客所含的能量12千卡
富含葉酸和鉀

小胡瓜和西葫蘆與西瓜、南瓜和黃瓜都屬於同一家族。小胡瓜比西葫蘆更有營養，因為它可食用的表皮富含β胡蘿蔔素。這種美味可口、用途廣泛的蔬菜並不是西葫蘆的幼瓜，而是一個獨立的特殊品種，雖然如果放任它生長的話，它會越來越像西葫蘆。西葫蘆味道寡淡，營養價值也不高，但是在和其他食物搭配——作填充餡料、烘烤或者清蒸時，它不失為一種健康的選擇。

你可以把新鮮的小胡瓜花拌入色拉，或者為了使味道更佳，把意大利乳清乾酪塞入其中後放入奶蛋糊中，用油煎一分鐘。請使用橄欖油、純正的葵花籽油或紅花油——其味道非常鮮美，為了這偶一為之的享受，那些額外的卡路里是值得的。

為增加維生素A，可簡單地做一頓意大利麵，加入兩三個切碎的小胡瓜、一些特級初榨橄欖油、黑胡椒麵和新鮮香菜。撒入一些奶酪一起攪拌；佐以一杯紅酒和一份新鮮番茄和羅勒色拉。

小胡瓜和西葫蘆都含有葉酸（每100克的含量超過我們每日所需的四分之一），同時富含鉀，卡路里含量低。

➕ 是減肥者的首選。
➕ 小胡瓜對人的皮膚問題有好處。
➕ 小胡瓜最好生吃，或者輕微蒸熟後再吃，注意連皮一起吃。西葫蘆，可以蒸食或者做成填充餡料，然後在烤箱中烘烤。

食品應急小秘方

● 如果你正在為皮膚上的小黑頭或類似問題而苦惱，可以用一兩片西葫蘆或小胡瓜輕輕摩擦受感染的部位，通過使皮膚乾燥和吸收一切多餘的油脂，它們可以幫助你對抗這些頑固的小痘痘。

洋蔥、青蒜和大蒜

因為它們的硫磺化合物含量而備受讚譽

這一組中的所有三種蔬菜，在北美土著居民、羅馬人和古埃及人那裡，都受到了熱情的推崇，他們堅信它們是治療多種疾病——從感冒、支氣管炎和喉痛到關節炎和痛風等的良藥。其中很多藥方直到今天還在臨床應用；近年來大量研究也已經開始考慮這些植物在預防癌症和冠心病方面的作用。

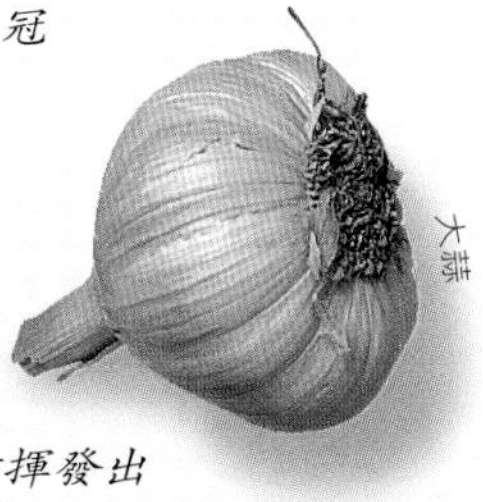

洋蔥、青蒜和大蒜都是蔥屬植物，是硫磺化合物的主要來源。這些化合物中的其中一種——蒜素，會在這些蔬菜被切開或壓碎時揮發出來，散發出它們獨特的氣味，它們還可以促進清除體內的膽固醇。洋蔥中所含的蒜素比大蒜的要少一些，但是它卻含有非常重要的濃縮抗氧化類黃酮，這一點正在成為研究洋蔥對癌症和冠心病的潛在影響時感興趣的課題之一。人口研究的證據和臨床實驗都提醒政府要認識到大蒜和洋蔥對於常見疾病的防護作用。

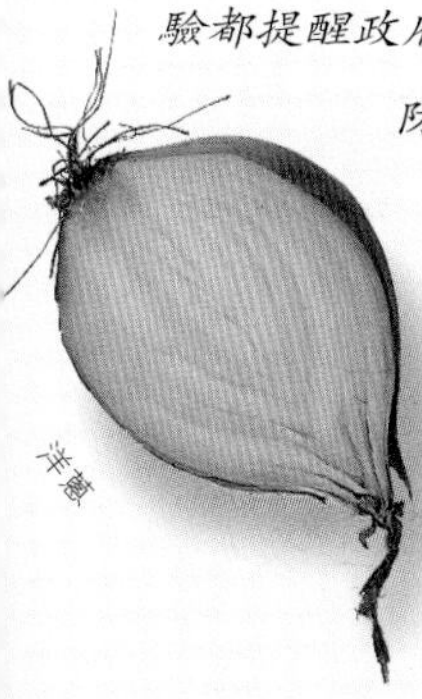

儘管這些蔬菜的卡路里含量都很低，但它們的營養價值也不高。雖然生吃小洋蔥和青蒜的綠色部分可以提供一小部分維生素、礦物質和纖維，但這些幾乎不值得一提。

大蒜

洋蔥

洋蔥
④ ⑥ ⑦ ⑧

每標準客所含的能量22千卡
富含維生素C

洋蔥是一種令人難忘的鄉間草藥，可以應付絕大多數毛病——包括貧血、支氣管炎和哮喘、泌尿生殖器系統感染、關節炎和風濕病、痛風和過早老化等等。

　　洋蔥的最初原產地在北半球，已經在那裡種植了幾千年，它們的醫療價值和它們的氣味一樣悠久。中世紀時，人們把一束洋蔥掛在門柱上預防瘟疫。北美洲土著居民的傳統醫學中使用野生洋蔥治療感冒，緩解昆蟲叮咬的痛楚。

　　洋蔥在老奶奶們的幾百個偏方中經常擔任主角，最可口的就是那道在花天酒地、徹夜狂歡之後享用的洋蔥湯，這是巴黎人神話的一部分。中國傳統醫學使用青蔥做成膏藥，用來治療疔瘡，還用做緩解鼻塞的藥物。洋蔥甚至還因被當做壯陽劑和刺激新的毛髮生長而知名。

　　洋蔥含有蒜苷酶，當你給洋蔥頭切片時會揮發出來。當蒜苷酶作用於硫磺化合物時，不僅形成了洋蔥獨特的氣味，還會讓你淚流不止。洋蔥的卡路里含量很低，但是生吃小洋蔥是維生素C的良好來源，此外還有一部分B族維生素和少量礦物質。▶

紅洋蔥

青蔥

洋蔥（續）

洋蔥與大蒜、青蒜、青蔥、細香蔥和葉蔥都屬於同一家族。和大蒜一樣，它們目前也是大量醫學研究的主要課題。如今科學已經證實了洋蔥包治百病的古老美名，尤其是它對循環系統的保護作用。在紐卡斯爾皇家維多利亞醫院進行的一項實驗中，那些早餐吃脂肪過多的煎熏肉和雞蛋時不吃洋蔥的志願者的血液樣本顯示出血液凝塊呈增多趨勢——這最終會引起致命的血栓症。而那些在吃熏肉和雞蛋的同時還吃煎洋蔥的志願者的血液樣本則顯示出血液凝塊減少的趨勢。結果不言自明。在印度進行的一次相同的實驗顯示，脂肪過多的食物會引起血液膽固醇升高，而洋蔥恰恰使其下降。

而且，馬薩諸塞州塔夫茨大學（Tufts University）的維克多·吉威茨（Victor Gurewitch）博士發現，每天食用半個生洋蔥，可以使對人體有利的高密度脂蛋白（high-density lipoproteins, 簡稱HDLs）平均提高30%。在另一項實驗中，洋蔥被發現在治療哮喘和降低血糖方面有明顯效果。洋蔥還是強有力的利尿劑，可以消溶和排除尿素，從而有利於治療風濕病、關節炎和痛風。它們在治療胸部感染方面的傳統價值則是由於它們強大的抗菌能力。

➕ 對降低膽固醇、阻止血栓形成有好處。

➕ 對支氣管炎、哮喘、關節炎、痛風、呼吸問題和凍瘡有療效。

➕ 最好生吃，帶皮烘烤，或者像傳統食譜說的那樣做洋蔥湯。

食品應急小秘方

● 嬰兒腹痛時，把一片洋蔥放入熱水中浸泡幾分鐘，讓它冷卻，然後給嬰兒餵一茶匙。

● 治療凍瘡時，用一片生洋蔥摩擦凍傷部位。

● 降低普通的高燒時，可以把一個洋蔥放在熱火爐上烘烤40分鐘，然後壓碎擠出汁液，將汁液與等量蜂蜜混合。每兩到三小時服用2茶匙，直至體溫下降。

青蒜
❶ ❹ ❻ ❼ ❽
每標準客所含的能量18千卡
富含 β 胡蘿蔔素和鉀

青蒜作為食物和藥物使用已經有4,000多年的歷史了。一位作家把《聖經》時代以前的埃及稱做"崇拜洋蔥、神化青蒜"的國度。

希臘人和羅馬人也極度推崇青蒜，尤其是在治療咽喉和發聲問題方面。臭名昭著的尼祿（Nero）皇帝每天都要吃一些青蒜，來提高自己歌唱時的音質。

西元690年，威爾士國王凱德沃勒（Cadwaller）打敗了撒克遜人，在取得這場歷史性的勝利之後，青蒜成為威爾士人民族的象徵。因為在這場戰役中，凱爾特士兵隨身佩戴青蒜並以此來辨別敵友。

青蒜是味道刺激的蔥屬植物——大蒜、洋蔥、細香蔥——中的一員，雖然它包含的抗致癌物質的化學成分並不多，但是在解毒方面有重要作用。它們具有抗菌性，可以破壞那些把胃腸中的無害硝酸鹽轉變成致癌硝酸鹽的細菌，從而防止胃癌的發生。

在料理青蒜的時候，絕大多數人往往把在地面上生長的綠葉部分扔掉，只吃白色的莖。這是一個很大的錯誤，因為綠色部分是 β 胡蘿蔔素——可以在體內轉化為維生素A——的重要來源。

雖然青蒜中的維生素、礦物質和纖維含量很少，但它富含葉酸和維生素C，也是鉀的重要來源。同時它們還具有利尿作用，是那些飽受痛風或關節炎折磨的患者的最佳食物。

✚ 對於胸部和嗓音有問題、咽喉疼痛的患者有益。
✚ 對降低高血壓和血液膽固醇的指數很有幫助，並且可以預防癌症。
✚ 對痛風或關節炎患者有幫助。
✚ 吃的時候最好輕微蒸一下，拌上酸辣調料涼吃或熱吃。

蒜頭

大蒜

❶ ❷ ❸ ❹ ❺ ❼ ❽

每標準客所含的能量3千卡
富含蒜素

每到達一個新的國度，羅馬醫生種植的第一種草藥就是大蒜，它在那時甚至是最有價值的草藥。把大蒜帶到不列顛的是羅馬的百夫長，他們把大蒜塞在腳趾之間，從而防止因艱苦的長途行軍不可避免會引起的真菌感染。從古埃及開始，經歷了古代希臘和羅馬文明、中世紀的英格蘭，一直到19世紀末期，大蒜在全世界範圍內都是使用最為廣泛的藥用植物。很久以來人們就知道，大蒜具有廣泛的抗菌效果——這一理由由路易斯·巴斯德（Louis Pasteur）在1858年第一次使用科學的方法予以證實。它可以破壞真菌感染，對某些毒物來說——尤其是酒精和重金屬——是非常有效的解毒劑。

幾年以前，在一周之內，有三位不同的病人分別告訴我：他們的血液樣本的狀態變化使他們的醫生感到迷惑不解。他們向我諮詢的緣由各不相同，但是都是有關心臟或循環系統方面的問題，而且他們都正在服用抗凝血劑藥物來"稀釋"血液，也都已經減少了藥物的服用劑量。得知這一消息後我為什麼會如此興奮呢？因為我給他們三位相同的也是唯一的處方就是：大量食用大蒜。▶

食品應急小秘方

● 作為對黏膜炎，支氣管炎和鼻竇問題的家庭療法，將一匙蜂蜜和一個壓碎的蒜瓣混合，再榨一點檸檬汁一起溶入一杯熱水中，一天服三次。

● 對於消化不良，便秘和輕微的腸胃不適，將一個壓碎的蒜瓣加入一杯熱牛奶中，每餐後服用。

● 如果你患有膀胱炎或泌尿系統感染，將一個壓碎的蒜瓣加入一小盒原味酸奶中，確保早晚各服用一次。

蒜瓣

大蒜（續）

關於大蒜治療心臟和循環系統方面的作用最新研究表明：在預防和治療與心臟疾病有關的某些因素時，大蒜具有無可替代的作用。那些研究疾病在不同人種之間傳播的科學家們知道：在那些大量食用大蒜的國家，儘管抽煙飲酒現象像英國一樣嚴重，但心臟病發作的死亡率很低。在歐洲，不列顛人的大蒜攝入量最低，心臟病發作的猝死率最高。但是在美國，由於政府成功地進行了健康教育活動，心臟疾病已經顯著減少。

大蒜被擠碎時散發出的硫磺化合物——蒜素，可以刺激消除體內的膽固醇，降低由肝臟產生的不健康的脂肪。在一群採用高脂肪飲食的健康的志願者中，大蒜就已經證明了它可以使身體內的膽固醇降低15%。最近在柏林召開的一次國際大蒜座談會上，涉及到了一些最令人振奮的研究，比如降低血液中的膽固醇含量、降低高血壓以及化解血液凝塊，而這三者正是引起心臟疾病和痛風的三大主要因素。在一項關於高膽固醇病人的研究中，一半患者給予安慰劑，另一半給予大蒜，都是標準劑量（飲食建議不包含在內）。16周後，服用安慰劑的一組沒有什麼改變，但是食用大蒜的一組，膽固醇水平平均降低了12%。

英國醫學雜誌的一篇報告也證實了大蒜對於心臟疾病的益處，但是它同時也強調使用包含適量活性成分蒜素——這在使用蒸餾法提煉的蒜精或蒜油中並不存在——的製劑的重要性。同時，德國亞琛大學（Aachen University）眼科醫院、薩爾大學（University of Saarland）輸血學院和慕尼黑大學（University of Munich）的工作也證明，大蒜可以擴張血管、降低血液黏稠度。

大蒜還具有預防癌症的特性。希臘的克羅那克斯（Kourounakis）教授和德克薩斯大學的沃格維奇（Wargovich）教授都致力於這一領域的研究。希臘人已經研究了大蒜破壞自由基——一種具有高度破壞性的化學物質，能夠引起癌細胞生長——的方法。沃格維奇教授正在調查大量自然化合物，並研究它們的防癌作用。在暴露於 ▶

大蒜膠囊

大蒜（續）

有毒化合物之前和之後，大蒜都可以降低其危害，在某些情形下，還可以防止在實驗室的實驗中由人工誘導的癌症。

➕ 有助於防止癌症，降低膽固醇，降低血壓，增強血液循環。

➕ 可以治療咳嗽、支氣管炎、黏膜炎、咽喉疼痛、哮喘、消化不良、便秘、腹瀉和胃部不適。

➕ 可以治療腳氣之類的真菌感染。

➕ 最好拌在色拉中生吃，或者在爐中整個烘烤，如果油煎，注意不要煎至褐色。

超級美食

● 那麼怎樣才是食用這種味道強烈的蒜頭的最好方法，才能幫助治療支氣管炎、黏膜炎、咽喉疼痛、哮喘、消化不良、便秘、腹瀉甚至腳氣呢？大蒜的藥性隨其生長的土壤而變化。最好的是原產於中國、美國和法國南部的大蒜，它們富含至關重要的蒜素化合物，這種化合物在大蒜被壓碎時會釋放出來，但在高溫烹調尤其是油煎時會被破壞。

● 如果你不喜歡每天嚼一粒生蒜瓣，可以食用大蒜補充劑。食用那些用整頭乾蒜粉做成的小藥片，它們保留了生蒜瓣的療效。其中蒜素必須佔極高比例，而且產品應當標準化——一批產品中的每一片都應包括精確的蒜素劑量，與適度成熟的、新鮮的、高質量的蒜瓣均等。

芸苔

因其維生素C和β胡蘿蔔素
含量而備受稱讚

十字花科和芸苔屬的蔬菜大
家族被廣泛種植，但是令
人遺憾的是，它們的營養價值
卻一直被忽視。其部分原因是這
些蔬菜通常不容易料理，從而味道
較差，並失去了清香和有益的營養
成分。

皺葉捲心菜

十字花科蔬菜的抗癌作用得到廣泛地研
究，目前已經有確切證據表明它們對於許多癌症，
包括結腸癌、胃癌、口腔癌等有防禦作用。具有抗
致癌作用的吲哚——一種從十字花科蔬菜中硫化葡
萄糖苷產生的化合物——已經被證明可以通過促進
雌激素的新陳代謝來預防乳腺癌。世界癌症研究基
金會（the World Cancer Research Fund）於1998年出版的
《食物、營養與癌症預防：全球觀察》（Food,
Nutrition and the Prevention of Cancer: A Global Perspective）
報告中，提供了大量對這些研究的評價。

芸苔是維生素A、β胡蘿蔔素、葉酸、維生素
C、鉀和纖維的主要良好來源，此外還有一些潛在
的醫療價值。這些足以成為你在每天的飲食中大量
增加這種蔬菜的理由。有些生吃時味道
十分可口；如果用它們自己的汁液輕
微烹調，用旺火炒或做湯，都是你增
強自己的營養攝入和疾病預防的經濟
而有趣的方法。

泡菜

西蘭花
❶ ③ ④ ⑤ ❻ ⑨

每100克所含的能量為33千卡
富含 β 胡蘿蔔素

在經歷了里根（Reagan）總統的腸癌恐慌後，西蘭花迅速成為四星級蔬菜。美國國家癌症研究所向總統建議了一份特殊的食譜，其中包括食用大量的西蘭花。

和十字花科大家族中的其他蔬菜一樣，西蘭花也被證明具有抗癌作用。根據國家癌症研究所在1987年所作的分析，對七分之六的成年人口的調查表明，你所食用的十字花科蔬菜越多，患結腸癌的風險越低，其他癌症的發生率同樣很低。

細胞破損後，十字花科蔬菜中的硫化葡萄糖苷就會相應地轉化為吲哚——一種可以提供抗癌作用的營養化合物。在日本，結腸癌的發病率很低，他們的人均硫化葡萄糖苷攝入量是每天100毫克。在英國，結腸癌的發病率很高，他們的人均硫化葡萄糖苷攝入量不足這一數字的四分之一。西蘭花還富含類胡蘿蔔素，包括維生素A前體 β 胡蘿蔔素，我們知道它可以抑制癌細胞的活動。也正是這些類胡蘿蔔素的存在，使得西蘭花在治療皮膚問題方面也廣受歡迎。

由於含有鐵、維生素C和葉酸，西蘭花還可以幫助治療貧血，防止先天缺損，提高慢性疲勞患者的能量水平。

既然每100克（3.5盎司）西蘭花可以提供每日所需維生素E的三分之一，這種蔬菜在家庭中就可以被等同為心臟健康良好和循環系統高效率的守護神。十字花科蔬菜在消化中產生的化合物還可以抑制自由基的形成，從而使得它對那些關節有問題的患者大有好處。

✚ *對慢性疲勞綜合症、貧血、緊張焦慮和打算懷孕的女性有好處。*

✚ *對預防癌症有益。*

✚ *對皮膚問題、復發感染和免疫力降低有幫助。*

✚ *最好輕微蒸熟後食用。*

皺葉捲心菜

捲心菜

① ② ③ ⑤ ⑦ ⑨

紫捲心菜
每標準客所含的能量為19千卡
白捲心菜
每標準客所含的能量為24千卡
富含鐵、葉酸、維生素C和 β 胡蘿蔔素

捲心菜作為"窮人的藥物"而贏得良好的名聲。古羅馬人獲益於它；中世紀的居民也使用它；19世紀和20世紀早期的歐洲人榨出它的汁液製成膏藥。但是近來英國式的烹調已經漸漸趨於放棄這種蔬菜之王。

捲心菜含有具有治療作用的黏液成分，這種成分和腸胃黏膈膜分泌的具有自我保護功能的黏液的作用相同。傳統的歐洲理療家們用它來治療胃潰瘍，其方法是每天飲用1升（1.75品脫）新

鮮的捲心菜汁液，分成幾份飲用，一直堅持10天。現代研究證明，這種食物療法可以使人完全康復。

捲心菜還富含硫磺化合物——正是它們使得過分烹調的捲心菜散發出異味——對於胸部感染和皮膚不適有良好療效。

墨綠葉捲心菜富含鐵，它含有的維生素C更容易被身體吸收。特別是由於它富含葉酸，貧血患者和哺乳期女性更應該大量食用。它還是 β 胡蘿蔔素的良好來源， β 胡蘿蔔素對於皮膚健康有幫助。

在捲心菜的歷史上，最令人激動的發現是它具有強大的預防癌症的作用。人口調查表明，在大量食用捲心菜（以及同類相關蔬菜）的地區，某些癌症——尤其是胃癌、結腸癌、乳腺癌和子宮癌——的發病率大大低於平均水平。只要把芸苔類蔬菜的葉 ▶

紫捲心菜

白捲心菜

捲心菜 (續)

子切碎、壓碎、榨汁或者烹煮，植物中的酶就釋放出來，把它的硫化葡萄糖苷轉化為具有抗癌作用的吲哚。

在沸水中過分烹煮的捲心菜，不僅導致主要營養成分流失在水中，還會使許多具有康復作用的化合物消失或者失去活性。烹調過的捲心菜可能不易消化，因此最好用它自身的汁液蒸或煮，使用密封平底鍋，時間越短越好。捲心菜的主要營養成分被發現都在墨綠色的外層葉片中，注意不要把這些葉子都扔掉了。

令人驚異的是，動物實驗還表明捲心菜對於輻射具有適度的防護作用，因此這對於那些在視頻顯示器（VDU）屏幕前工作、接受射線和X光治療的人來說，可能非常有用。在幾個世紀的應用中，捲心菜還被視為蔬菜中的"壓力粉碎機"。

➕ 對胃潰瘍有療效。

➕ 對於貧血、呼吸疾病和痤瘡有幫助。

➕ 最好生吃，輕微蒸食，或者用少量水煮食。

➖ 皮膚過敏的人在拿芸苔時應當注意，因為可能會引起接觸性皮炎。

➖ 對於那些使用甲狀腺治療藥物甲狀腺素的人或者因甲狀腺活化不足而使用碘酒的人，所有捲心菜都必須經過中和後才能食用。

食品應急小秘方

● 捲心菜可以做成膏藥敷在患有關節炎的關節上。摘下兩到三片最大的外葉。除去根部和中心葉脈，把葉子用擀麵杖或刀把搗碎。用熱水管纏繞，蒸幾分鐘，或者放進微波爐中，加熱至令人舒適的溫度——不要太燙。把它敷在患病的關節上，用繃綳繃帶或薄毛巾固定好位置。15分鐘後拿開。一天重複數次。這種方法可以治療骨關節炎、風濕病、關節炎、運動受傷、拉傷和扭傷。

泡菜
❶ ❷ ❸ ❻

每標準客所含的能量為3千卡
富含維生素C

泡菜是一種聰明的保存捲心菜的方法。把生捲心菜細細切碎，層層擺放在石罈中，加入海鹽和杜松子等香料。每一層都緊緊壓實。等到石罈滿了，捲心菜汁液已經發酵並產生酸味，這種味道你或者很喜歡或者很討厭。大批量的商業化生產一般在橡木桶或不銹鋼缸中製作。

許多世紀以來，泡菜都是整個歐洲窮人的主要食物，這是保存秋季豐收的捲心菜的好方法，這樣在冬天歉收的月份就可以繼續食用了。它確實可以稱做奇跡食品，因為捲心菜中的酶和維生素C都被很好地保留下來，它肯定挽救了上百萬人免於遭受壞血病引起的死亡和虛弱。在17世紀，正是泡菜使得庫克船長（Captain Cook）的遠航和荷蘭人令人驚異的帝國建立事業成為可能。開往遠東和美國的荷蘭商船為自己的遠航準備了充足的泡菜，他們的商業對手則在大海上死於壞血病。

除了含有維生素C——每100克（3.5盎司）的含量可以提供英國每日推薦攝入量的四分之一以外，泡菜還含有鈣和鉀。傳統上，泡菜除了食用之外還可以藥用，可以緩解消化不良、胃潰瘍、皮膚問題、關節炎和感冒。

捲心菜在長期發酵過程中形成的乳酸可以出色地承擔起清潔消化道的任務。它可以促使腸內的有益細菌繁殖，殺死有害的細菌，從而使消化道健康、運轉良好。

✚ *可以預防癌症，增強人體的免疫力。*
✚ *有助於解決消化問題。*
✚ *雖然可以加熱，但最好食用醃製過的。*

大頭菜
❷ ❸ ❹ ❼

每100克所含的能量為23千卡
富含鉀、葉酸和維生素C

大頭菜由於和蕪菁甘藍（turnip）味道相同，所以有時也叫球莖甘藍 "turnip cabbage"。雖然它也屬於十字花科蔬菜——是原始野生捲心菜的後代之一——但是直到16世紀中期才由意大利傳入德國。大頭菜在德國最受歡迎，儘管世界其他地區的注重健康的人們一直從這種有趣的芸苔屬蔬菜中受益。

大頭菜的食用價值和藥用價值與捲心菜幾乎完全一樣。它富含鉀，是葉酸和維生素C的良好來源，但是不包括任何 β 胡蘿蔔素。

➕ 對貧血、呼吸疾病和痙攣有好處。
➕ 對胃潰瘍有好處。
➕ 最好生吃，蒸吃，或者用少量水煮熟後吃。

球芽甘藍
❶ ❷ ❸ ❹ ❾

每100克所含的能量為42千卡
富含維生素C和 β 胡蘿蔔素

球芽甘藍對健康的益處幾乎和其他芸苔屬蔬菜完全一樣。球芽甘藍中的硫化葡萄糖苷含量尤其豐富，這是一種強大的抗癌化學物質（見第76頁 "捲心菜"）。它的維生素C含量也很高，可以促進增強對疾病的自然免疫力。

球莖甘藍也是 β 胡蘿蔔素的良好來源，可以為解決皮膚問題提供極大幫助。它的纖維含量高，因此成為治療便秘的好辦法，在治療高膽固醇和高血壓方面也有幫助。每100克球芽甘藍可以提供日常所需葉酸的一半以上，因此是打算懷孕的女性的上佳食物。

球芽甘藍會引起腸胃氣脹，不過在烹調時加入一些香菜或者蒔蘿種子，就可以大大減輕。

➕ 對於預防癌症、全面增強抵抗力有好處。
➕ 對解決皮膚問題和便秘有幫助。
➕ 最好蒸食。
➖ 如果你甲狀腺有問題，最好少量食用。

菠菜

❶ ❸ ❺ ❾

每標準客所含的能量為23千卡
富含葉綠素和葉酸

大力水手波佩（Popeye）的每一位崇拜者都知道，菠菜富含鐵。令人傷心的是，從某一方面講，每一代強迫自己的孩子把菠菜嚥下喉嚨的媽媽絕大部分是在浪費時間。菠菜中所含的大量鐵和鈣很不容易被身體吸收，因為菠菜還含有大量草酸。它們和礦物質結合，形成不可溶解的鹽排出。

但是菠菜還含有深綠蔬菜的"血液"葉綠素，因此，貧血患者或者那些疲勞和精神緊張的人應該大量食用，最好生拌色拉。它所含有的葉酸也異常豐富，每100克的含量可以滿足日常所需的四分之三。因此那些計劃懷孕或者期望生一個孩子的女性應該堅決地把菠菜列入自己的採購單。

癌症病人或者那些有癌症風險的人，比如大量抽煙的人，應該把足夠的菠菜納入自己的食譜。癌症研究正日益關注包含在深綠色或者色彩鮮艷的水果和蔬菜中的整個類胡蘿蔔素系列──而不僅僅是β胡蘿蔔素，菠菜中這些胡蘿蔔素的含量甚至比胡蘿蔔更高。人口調查表明，深綠色蔬菜具有強大的防治癌症功能，其中菠菜高居榜首。

✚ *對於預防癌症和保護視力有好處。*

✚ *對於懷孕期女性有好處。*

✚ *最好生吃，或者用盡量少的水煮吃。*

➖ *菠菜含有大量尿酸，因此痛風和關節炎患者盡量避免食用。*

超級美食

● *菠菜的一項不為人知的重大作用是它可保護眼睛免受與年齡相關的肌肉變性（age-related macular degeneration, 簡稱AMD）的困擾。科學家們認為，這不是由於其中的β胡蘿蔔素，而是另外兩種化合物──葉黃素和玉米黃質起了作用。*

羽衣甘藍

散葉甘藍 ❶

每100克所含的能量為26千卡
富含植物化學物質

散葉甘藍在美國比在歐洲更流行，也是一種能夠增強健康的食品，富含可以抗癌的植物化學物質。

和其他十字花科蔬菜一樣，散葉甘藍富含吲哚，可以防治內分泌調節癌症，以及乳房、卵巢、前列腺、睾丸癌症。

✚ *對防治癌症有好處。*
✚ *最好輕微蒸熟後食用。*

羽衣甘藍 ❶

每100克所含的能量為33千卡
富含 β 胡蘿蔔素

十字花科家族的另一名芸苔成員是羽衣甘藍，它是因為嫩芽和黃色的葉子而特意種植的。像這一家族其他蔬菜一樣，它是在西歐開始種植的，尤其是在東地中海地區，但是現在已經遍佈全世界。

羽衣甘藍具有芸苔家族的所有抗癌性能和大量 β 胡蘿蔔素——每100克就可以提供女性平均一天所需的劑量，因此羽衣甘藍值得更加推廣。它還有一個優點，就是極端耐寒，可以忍受冬季-15℃（5℉）的低溫，也可以忍受夏季的高溫。

吃苦耐勞的荷蘭人的一道傳統大餐 "stampot"，就是把搗碎的馬鈴薯和切碎輕微蒸熟的羽衣甘藍拌在一起做成的美味菜餚。

✚ *對於防止癌症和全面提高免疫力有幫助。*
✚ *最好輕微蒸熟後食用。*

小白菜
❶

每100克所含的能量為12千卡
富含葉酸、
β胡蘿蔔素和維生素C

小白菜是東方芸苔屬的幾種蔬菜的通稱，也最為知名。根據歷史記載，中國人自從5世紀起就已經開始種植小白菜作為食用或藥用。中國捲心菜是在東亞、韓國和台灣等地最重要、種植最廣泛的蔬菜。

小白菜是一種特別有營養的蔬菜，可以提供鉀、鈣、β胡蘿蔔素、葉酸和維生素C，此外還有一小部分B族維生素。

✚ *對於增強免疫力和防治癌症有*
  幫助。
✚ *最好生吃，或者用旺火稍微炒*
  一下。

花椰菜
❶ ❷

每100克所含的能量為34千卡
富含維生素C

花椰菜能夠提供的β胡蘿蔔素、核黃素和葉酸比絕大多數芸苔類蔬菜都少，而且這些重要的成分很容易被烹調破壞，因此最好把它切成小朵，洗乾淨後生吃。

花椰菜的白色部分實際上是未成熟的花頭。食用一些最靠近花朵部分的嫩綠葉可以增加攝入β胡蘿蔔素和葉酸的成分。花椰菜也是維生素C的良好來源，這使得它成為可以增強免疫力的食品。

✚ *對防治癌症和提高全身免疫力*
  有好處。
✚ *最好生吃，也可以輕微蒸熟，*
  或者用礦泉水煮。

食品應急小秘方

●人們想像花椰菜是一種"脹氣"的蔬菜。實際上，生的花椰菜蘸上一點新鮮酸奶、橄欖油、蘋果醋和碾碎的大蒜，可以治療腸胃氣脹。

做色拉用的蔬菜

因富含維生素A、C和葉酸而備受讚譽

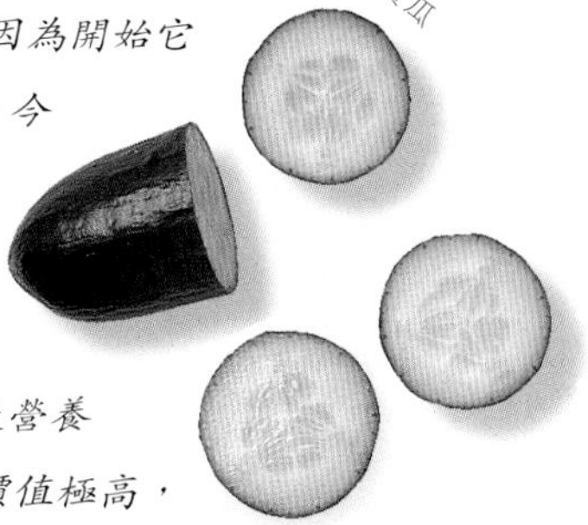

色拉的英文名稱"salad"來源於拉丁詞"sal",意思是鹽(salt),因為開始它就是指那些僅僅蘸鹽吃的東西。今天使用最為廣泛的色拉蔬菜應該是各種各樣的萵苣,不過能做色拉的蔬菜還有很多,從普通的黃瓜(卡路里含量低,但是營養價值也很低)到豆瓣菜(營養價值極高,而且具有抗菌性和防治癌症的功能)和蘆筍:當它們非常新鮮的時候,可用它們來招待那些喜歡簡單烹調的人。

綠色的色拉蔬菜不應該被視為僅僅屬於減肥者。雖然通常它們的卡路里含量很低(主要由於水分含量大),但同時還含有大量的營養素和其他藥用特性。它們是維生素A、C和葉酸的良好來源,還包括鉀和其他一些礦物質,比如碘。通常來說,葉子的綠色越深,β胡蘿蔔素的含量就越多,因此不要扔掉那些富含營養的深綠色表層菜葉。其中某些蔬菜還具有利尿功能,可以幫助減輕浮腫和水腫。它們還可以與其他蔬菜和水果有無限種搭配,做成有趣的主菜或配菜。

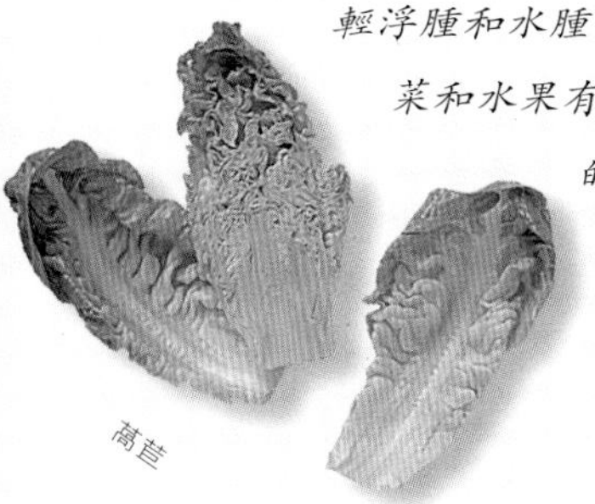

黃瓜

萵苣

菊苣

菊苣根、菊苣和苣蕒菜

② ③ ⑥ ⑧

菊苣

每100克所含的能量為11千卡

富含維生素A和C

野生的菊苣（wild chicory, 又稱 "wild succory"）自古以來就既可以食用，又可以藥用。古埃及人、阿拉伯人、希臘人和羅馬人都熟知這兩種用途。現在種植最廣泛的品種是有寬葉和對稱的黃色或綠色葉梢的荷蘭苣與捲葉菊苣。

野生的菊苣和人工栽植的菊苣都是維生素A（如果不變白）和維生素C的良好來源。它們還包含某些B族維生素和少許萜類化合物，它們對肝臟和膽囊具有刺激作用。它們的根和葉除了具有溫和的治療和滋補作用之外，還具有一定的利尿作用。菊苣對腎臟和泌尿系統感染也有同樣的治療作用。這種有效的排毒作用對皮膚病、關節炎、風濕病和痛風患者都有很大好處。另一項研究表明，菊苣還有一定的消炎作用。

從菊苣根部提取的咖啡成分的一大好處是它不含咖啡因。雖然目前還缺乏科學證據，但人們一般認為它是一種溫和的利尿劑和鎮定劑，可以刺激消化道的腺體的功能。由於乾菊苣根研製的粉末可以把牛奶分解成更小的分子，飲用它可以幫助消化牛奶和牛奶製品。

✚ 對消化系統的清潔和解毒有幫助。

✚ 在黃疸病中，可以用做溫和的利尿劑和肝臟刺激物。

✚ 最好生吃或烹調後食用。

食品應急小秘方

● 磨碎的葉子是腫脹的關節和紅腫的皮疹的一劑好膏藥。燻蒸或者在微波爐裡把它加熱，然後在受感染部位敷15分鐘。

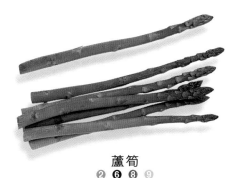

蘆筍

②⑥⑧⑨

每標準客所含的能量33千卡
富含維生素C、β胡蘿蔔素和硒

你可能認為蘆筍僅僅是一道美食,但是它的種植已經有2,000多年的歷史了,它自16世紀起就用來入藥。如果你吃進去一部分蘆筍,你就會發現,它的主要功能是利尿。在吃完幾分鐘之後,它不僅使你的尿量增加,而且它所含的活性化合物——天冬酰胺酸的味道,在尿液中也非常明顯。由於這種特性,理療家們一直用蘆筍來治療風濕病和關節炎。

西元1世紀時,古希臘醫生迪奧斯克里德西(Dioscorides)曾用蘆筍這種植物來治療腎臟和肝臟問題。蘆筍含有一些纖維,因此具有一定的輕瀉作用,它也是一種溫和的鎮靜劑。蘆筍還是女性可以在經期食用的極好的一種蔬菜,因為它可以幫助減輕乳房、手指和腳踝腫脹的不舒適感。

不要把煮蘆筍的水倒掉——應該喝掉,或者放進湯或高湯中,因為它有利尿作用。另外把蘆筍的硬莖放入湯中,可以增加湯的味道和藥用價值。

➕ *對膀胱炎、水腫和便秘有好處。*

➕ *對關節炎和風濕病有好處。*

➕ *最好蒸吃,放入少許橄欖油或溶化黃油。*

➖ *不主張痛風患者食用,因為它所含的嘌呤會使症狀惡化。*

塊根芹

塊根芹和芹菜
④ ⑤ ⑥ ⑧ ⑨

塊根芹
每100克所含的能量為18千卡
芹菜
每標準客所含的能量2千卡
富含葉酸

野生芹菜的藥用價值受到羅馬人的高度評價，它種植的品種在中世紀時也被意大利的園藝家們在波河流域大大發展。直到17世紀末，芹菜才僅僅作為一種蔬菜被介紹到英國，從此以後，野生的芹菜和人工種植的芹菜都得到了理療家們的廣泛使用。

塊根芹是一種蕪菁根的芹菜，但是可以吃的是圍繞着它的莖桿的球塊，而不是它的莖桿。塊根芹的氣味和芹菜相同，但香味沒有芹菜那麼明顯。你可以將它切成細絲，生吃或者煮至半熟，用你喜歡的調料拌成色拉。從營養成分和化學成分的角度來講，芹菜和塊根芹是完全一樣的，但是塊根芹的球莖和芹菜白色的莖都不含 β 胡蘿蔔素，而暗綠色的芹菜莖則不同。塊根芹富含葉酸，因此打算懷孕的女性把它加入色拉會是個不錯的選擇。

這兩種蔬菜都可以提供維生素C、鉀和纖維。

古希臘名醫希波克拉底（Hippocrates）曾用芹菜來治療神經病患者，現代中國和德國的研究也證明從芹菜種子中提煉出來的油是一種強大的中樞神經鎮靜劑。這些油還被證明可以降低高血壓。▶

食品應急小秘方

● *每天一杯芹菜與胡蘿蔔的混合汁液可以收到良好的利尿效果。*

● *痛風和關節炎患者可以往杯子裡放1/2茶匙芹菜種子，然後用滾水沖泡，蓋上蓋泡10分鐘。把沖劑用茶葉濾網過濾一次，如果需要則加入一些蜂蜜，每天飲用三次。*

芹菜

塊根芹和芹菜（續）

芹菜最傳統也是至今最廣泛的用途是在治療風濕病、痛風和關節炎方面。只食用芹菜和芹菜汁的禁食方法被日本人用來治療風濕病，用牛奶煮芹菜和用芹菜種子泡茶是羅馬人治療關節毛病的傳統藥方。它的利尿作用可以幫助身體排除多餘的水分和尿酸，從而消除關節疾病的疼痛感。芹菜種子也是非常有效的殺菌劑，加上它的利尿功能，就可以治療膀胱炎和其他泌尿系統感染疾病。

✚ 對風濕病、關節炎和痛風有好處。

✚ 有益於降低水腫程度和降低血壓。

✚ 是一種良好的鎮定和減壓食品。

✚ 最好生吃或榨汁後飲用，但是它們最強大的藥效來自它們的種子。

➖ 如果懷孕或者腎臟有問題，不要飲用芹菜種子茶。注意只使用烹飪用芹菜的種子——因為培植用的種子可能會含有有毒的化學物質。

黃瓜
❸
每100克所含的能量為10千卡
營養價值很低

這 種奇怪的蔬菜如此受歡迎是一件異常的事情。從營養來講，黃瓜幾乎沒有任何有價值的東西，除了一點維生素A（每100克含10毫克）和吲哚（3毫克）以外。它的主要成分是水（佔96.4%），因此它可以提神，卡路里含量很低。

在印度、中東和中歐，醃製黃瓜進行保存有悠久的歷史。醃黃瓜條美味可口，但幾乎沒有什麼營養價值。

✚ 可以治療皮膚和眼睛，減肥者也可以食用。

✚ 最好帶皮吃，吃之前用溫水洗去上面的蠟質層。

食品應急小秘方

● 在整天盯着電腦屏幕、駕車、被刺目的陽光照射、有粉塵或乾草熱之後，用薄黃瓜片貼在雙眼上是一種安慰性的治療。對油性皮膚而言，黃瓜還是一種良好的收斂性的清潔劑。

萵苣
⑤ ⑦ ⑨

每標準客所含的能量為7千卡
富含鉀和葉酸

萵苣裡含有95%以上的水分。它還含有維生素C、β胡蘿蔔素、葉酸、一些鈣、大量的鉀、一點吲哚，甚至適量的鐵。任何打算懷孕的女性都應該記住，每100克（3.5盎司）萵苣可以提供她每天所需葉酸的四分之一強。

萵苣有許多不同的品種，它的營養價值不僅因品種的不同而不同，還取決於吃的季節，以及吃的是深綠色的表層葉還是白色的嫩菜心。單憑經驗而言，菜葉的顏色越深，β胡蘿蔔素的含量可能就越高。

所有的現代萵苣都是古代羅馬人盛讚的野生萵苣的後代。萵苣汁具有和溫和的鴉片製品幾乎同樣的特性，雖然人工種植的萵苣的效力已經減弱，但是它們仍然擁有它們野生的祖先的某些鎮靜作用。上床時間吃一塊萵苣三明治，是安眠藥的更為健康的替代物。萵苣和碳水化合物消化時釋放出來的色氨酸一起產生的鎮靜效果，可以確保良好的睡眠。

草藥醫生仍然使用萵苣葉中提煉物作為曬斑洗液，一些草藥製品也是用乾燥的提煉"乳"製成的。

✚ 對失眠、焦慮和支氣管炎有好處。

✚ 最好新鮮生吃，拌入色拉，或者放進湯中。

➖ 如果有條件，最好挑選有機種植或自己種植的萵苣食用，因為萵苣體內可能會聚積一些來自化肥的人工合成硝酸鹽。

➖ 萵苣莖滲出的乳狀汁液可能會刺激眼睛。

食品應急小秘方

● 把整片大萵苣葉在水裡煮幾分鐘，可以做成很好的膏藥，用來敷燙傷、螫傷和昆蟲叮咬——熱度以感覺舒適為宜。

豆瓣菜
❶ ❷ ④ ❼ ⑧

每標準客所含的能量4千卡
富含維生素A、C、E和吲哚

豆瓣菜是能夠增進健康的十字花科家族的另一名成員，應該被那些有患癌症風險的人着重考慮。它富含維生素A、C和E，這些是強大的抗氧化劑，除了一些癌症以外，還可以防治心血管疾病。

對那些不能放棄吸煙的人來說，可以採用化學戒煙法，即在一日三餐中一次食用50克（1.75盎司）豆瓣菜，堅持三天，根據實驗，它可以產生足夠的苯乙基同基因移植物，它抑制重要的煙草類肺部致癌物質——新煙碱亞硝胺（NNK）。這種特殊的具有保護作用的化學物質，也叫葡萄糖豆瓣菜素（gluconasturtin），只有在豆瓣菜被咀嚼或者剁碎後才會產生。

這種植物還有很多其他優點。豆瓣菜和旱金蓮都含有苯甲基芥末油——和辣根、蘿蔔一樣的具有刺激作用的化合物，它已被研究證明是強大的抗菌素。但是，和常規的抗菌素不同，豆瓣菜和旱金蓮中發現的抗菌素對我們的腸道非常有益。因此，食用大量的豆瓣菜，在色拉裡拌入旱金蓮的葉子或花，可以大大增強自然抵抗力。有規律地食用這種蔬菜色拉，也將有益於呼吸系統和泌尿系統感染的治療。

➕ *對於胃部感染、食物中毒和貧血有好處。*
➕ *對防治癌症有好處。*
➕ *最好認真清洗後生吃。*

超級美食

● 除了上述常識以外，豆瓣菜還是吲哚——它對於保證甲狀腺功能正常非常重要——的有用來源。你應該理解它為什麼不應該僅僅被用作配菜，而應該被全部吃掉。

食用海藻

因為它的蛋白質、可溶性纖維和礦物質含量而備受稱讚

昆布

絕大多數食用海藻都是由綠色、褐色和紅色海藻組成的，雖然它們經常被稱做 "kelp"（海藻），但這個詞準確地說是指墨角藻屬的成員，其絕大多數成員只分佈在北部海洋，傳統上被用於農業和藥業。其他品種的海藻，尤其是中國和日本的海藻，很久以來就在食用和藥用兩方面受到高度重視。

雖然不同種類的海藻的構成有細微差別，但把它們列入食譜的重要性並沒有被誇大。它們是蛋白質的良好來源，但卡路里含量很低。它們充滿可溶性纖維，尤其富含鈣和鎂，除了鐵和鋅以外，還有大量 β 胡蘿蔔素，富含鉀。在所有食物中，海藻是吲哚含量最豐富的，礦物質的含量對於甲狀腺功能的正常工作非常重要。對於普通素食主義者和嚴格的素食主義者，海藻是真正的必需品，因為它們的維生素 B_{12} 含量——每 100 克的含量是每日所需最小量的好幾倍。

民間傳說告訴我們，絕大多數海藻可以降低血壓，治療胃潰瘍，防止甲狀腺腫，防治某些癌症。從營養學的角度來看，這些古老的藥方的確有效。

紫菜

昆布
❶ ❹ ❾
每100克所含的能量為43千卡
富含維生素A、C和鈣

由於富含維生素A、C和鈣，這種海藻經常用來做營養豐富的湯和開胃菜。這是一種味道香濃的海藻，僅僅一條通常就足以做出500毫升（18液量盎司）的高湯。

➕ *對貧血和增強免疫系統有好處。*

➕ *對於治療和防治骨質疏鬆症很有好處，並且對減肥很有幫助。*

➕ *最好購買乾的昆布，在使用前應該先浸泡，除非是做湯或者燜燉。*

➖ *含有大量鈉，因此不適合那些高血壓患者和採用低鹽食譜的人。*

紫菜
❶ ❹ ❾
每100克所含的能量為136千卡
富含蛋白質和礦物質

紫菜的蛋白質和礦物質含量非常豐富，通常當作調料噴灑在開胃菜或煮好的蔬菜上。在日本飲食中，它經常被用來包裹一塊美味可口的開胃菜。

➕ *有利於降低膽固醇，對治療和防治骨質疏鬆症、減肥有用處。*

➕ *對貧血和增強免疫系統有好處。*

➕ *最好購買乾貨，在使用前應該浸泡，除非是做湯或者燜燉。*

裙帶菜
❶ ❹ ❾

每100克所含的能量為71千卡

富含鐵、鈣和蛋白質

和昆布一樣，裙帶菜也富含鐵、鈣和蛋白質。對於初次食用者來說這也是一種比較好的可食海藻，因為它的味道和青菜差不多。在日本飲食中，它被用來做成營養豐富、深受喜愛的味噌湯，這種湯主要由發酵的豆麵醬（見第109頁）做成。

➕ 可以增強人體的免疫力，治療貧血。

➕ 有利於降低膽固醇，對治療和防治骨質疏鬆症、幫助減肥有用處。

➕ 最好購買乾的裙帶菜，在使用前應該先浸泡，除非是做湯或者燜燉。

其他海藻

可食海草對初食者來說是不錯的，味道香甜，適合做色拉和湯。

掌狀紅皮藻沿着加拿大和北美、冰島和愛爾蘭的海岸線生長，非常不適合初次食用者。無論你煮多長時間，它都像皮革一樣堅韌，帶有強烈的海鹽味道。愛爾蘭人有一道傳統的掌狀紅皮藻湯，我相信他們只是已經習慣了這種味道。

鹿尾菜曬乾和切成片後的味道香甜可口，含有極其豐富的鈣和鐵：50克就可滿足一個成年人一天對這兩種礦物質的需求。

紫菜是一種紅色海藻，生長在威爾士南部和愛爾蘭的海濱地區，在海灘上很容易找到，因此幾百年來都是威爾士人非常喜歡的食品。作為威爾士人的一道傳統早點，經常裹上燕麥片，用油煎後和雞蛋、鹹肉一起食用。不過要做好心理準備，因為海腥味很重。威爾士人還用它做紫菜麵包。但這種味道需要努力去習慣，不主張向初次食用者推薦。

如果你在海灘上採集海藻，要確定這片海灘沒被污染。

真菌和地中海蔬菜

由於它們所含的維生素和抗氧化成分而備受讚譽

這一小部分蔬菜，從富含營養、功能多樣的番茄到幾乎沒有什麼營養價值的茄子，雖然在其他地區也廣泛分佈，但都和地中海息息相關。它們的味道和質地都比較獨特，幾乎不含卡路里（除非用油煎）。

雖然茄子也含有一些鉀、少量的鈣和維生素A，但除非你大量食用，它才會有一點點營養價值。相對地，番茄——一種被廣泛消費的水果（不過它經常被歸入蔬菜一類）——則富含 β 胡蘿蔔素等抗氧化劑以及維生素C和E，它對預防冠心病和某些癌症也有幫助。儘管大規模的商業化種植好像一直在損害它的味道，但番茄仍然具有諸多功能，食用方法也多種多樣，從新鮮生吃到做成罐頭或榨汁都可以。

由於加工過程的原因，橄欖中的鈉的含量非常高。但是，無論是橄欖本身還是橄欖油，它們的抗氧化成分和單一不飽和脂肪酸的含量都令人讚嘆。至於蘑菇，近年來的研究表明，它們是維生素B$_{12}$、維生素E和高質量蛋白質的令人驚嘆的良好來源。

番茄

香菇

野蘑菇

蘑菇
① ④ ⑤ ⑦
每標準客所含的能量5千卡
富含蛋白質、維生素B12和維生素E

蘑菇和塊菌都是可食用真菌——蘑菇生長在地面上，而塊菌生長在地下。並不是所有的蘑菇都能吃，一些有劇毒，還有一些不好吃。

我們和蘑菇的淵源是悠久而神奇的。古埃及人相信它是冥神奧西里斯（Osiris）的禮物，而古羅馬人則認為它們來自朱庇特（Jupiter）在暴風雨中投向大地的閃電——這可以解釋它們為什麼會像變魔術一樣突然出現。但是關於蘑菇最早的文字記載可以追溯到中國的周朝，這表明早在3,000多年以前蘑菇就已經被食用和入藥。研究者們相信這種應用至少還可以再向前追溯3,000-4,000年。由於認識到具有產生幻覺的作用，在南美洲的一些地方，"神奇蘑菇"在相當長的一段時間裡被用來當做宗教的獻祭品的一部分。

無論它們的歷史如何，我們都應當比現在更多地食用蘑菇。它們是容易吸收的高質量蛋白質的良好來源，它們的蛋白質含量遠遠高於其他蔬菜，而且卡路里含量極低，每100克（3.5盎司）的含量不足55，除非你吃的時候蘸上黃油或者油炸。蘑菇中還包含一些B族維生素以及大量的磷和大量的鉀。

蘑菇中尤其重要的是其中的維生素B12成分。絕大多數教科書中聲稱：蘑菇中不含有這種重要的維生素，但絕大多數最新研究表明：每克新鮮蘑菇中維生素B12的含量是0.32-0.65微克。維生素E也是同樣的情況，在絕大多數教科書中，它在蘑菇中的含量也被列成0。但是最新研究也表明，絕大多數蘑菇富含這種重要的營養物質，每100克（3.5盎司）中維生素E的含量能滿足每天最低需求量。

蘑菇中所含的鋅的成分對於緩解抑鬱和焦慮有很大幫助。鋅缺乏是抑鬱症的主要因素，抗抑鬱劑可能干擾身體對鋅的攝入並惡化病情。

乾蘑菇通常比新鮮蘑菇更貴，但味道更濃烈，目前市場 ▶

平菇

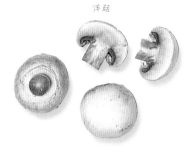

洋菇

蘑菇（續）

上最多的是產於意大利、日本、中國和法國的蘑菇。比如"Porcini"，它是一種乾燥的美味牛肝菌，有令人垂涎的肉香。絕大多數乾燥蘑菇在食用前需要浸泡，因此要用流動水仔細清洗，然後用滾水焯一下，晾置至少半個小時。不要把浸泡蘑菇的水倒掉，可以用它做成佐湯或者燜菜用的高湯。

　　對於當代研究者而言，東方菌類尤其令人興趣盎然，因為在中國和日本，香菇（Shiitake）、靈芝（Reishi）和舞菇（Maitake）通常都用做藥材。香菇在中藥裡被用來治療免疫力低下。靈芝被認為可以使人長壽，幫助治療肝病、高血壓和哮喘。舞菇也被用來治療高血壓、癌症、肝病和免疫系統疾病。

➕ 是素食主義者和嚴格的素食主義者、減肥者、有抑鬱症和焦慮症患者的福音。

➕ 最好趁新鮮吃（生拌色拉、嫩炒或者燒湯，燜煮和燉砂鍋）或者晾乾後吃（仔細清洗、浸泡，食用方法和新鮮蘑菇一樣）。

➖ 如果去採集野生蘑菇，一定要有一本優秀的參考書，而且在食用前一定要和一位有經驗的人一起辨別清楚有毒無毒。

超級美食

● 兩到三朵洋蘑菇，或者一朵大小適中的野蘑菇，就可以提供你一天所需的維生素B_{12}，由於其他蔬菜的B_{12}含量非常有限，這對於素食主義者（尤其是嚴格的素食主義者）非常重要。

番茄

❶ ❸ ❹ ❾

每標準客所含的能量14千卡
富含維生素C、E和β胡蘿蔔素

番茄可能是世界上最重要的糧食作物之一，全世界每年的番茄產量都在千萬噸以上。遺憾的是，由於越來越大的商業競爭壓力，越來越複雜的加工工藝和基因工程已經損害了這種出色的水果。順便說一句，從植物學的角度來說，番茄是一種水果，而不是一種蔬菜。

番茄的老家在南美洲的西海岸地區，從厄瓜多爾一直延伸到秘魯和智利。即使是在高山地帶，也廣泛分佈着番茄的許多野生品種——櫻桃番茄，它們是所有現代番茄的前身。番茄最先可能是在墨西哥被人工種植，然後在16世紀時由西班牙人傳入歐洲，隨後它們的種植範圍便迅速遍及歐洲南部地區。作為茄屬家族（包括有毒的顛茄等）的一名成員，番茄最初也曾被懷疑有毒，但作為一種美味和有益健康的食品，它們很快就被大家接受了。

番茄的抗氧化劑含量非常豐富，尤其是β胡蘿蔔素和番茄紅素等類胡蘿蔔素，此外它還含有維生素C和E，這使得它可以保護心臟血管，預防某些癌症。番茄的鈉含量極低，而鉀的含量非常豐富，對於高血壓和水腫患者有幫助。成熟的番茄中含有200多種揮發性化合物，這使得它具有獨特的芳香和味道。罐裝的番茄不會損失什麼營養成分，但是會增加額外的鹽含量。如果你購買番茄醬或者傳統的意大利通心粉，請注意選擇低鹽產品。

➕ *對防治癌症、皮膚問題和生殖力有好處。*

➕ *最好等到成熟後生吃，熬湯，做成果醬甚至罐頭。*

➖ *番茄很有可能會加重患有風濕性關節炎的病人的疼痛與不適。*

➖ *特定人群會發現自己對番茄過敏。*

➖ *青番茄可能會在某些易感人群中引發偏頭痛。*

茄子
❶ ❹

每標準客所含的能量為20千卡
富含鉀、鈣和維生素A

這些漂亮的、深紫色的水果（茄子可能最初看上去像雞蛋，所以除了 "aubergine" 這一名稱外，它又被稱為 "eggplant"）是茄屬家族的一員，這一家族還包括馬鈴薯、番茄和顛茄。

在印度和東南亞的部分地區，作為食品和藥物，茄子已經被種植了幾千年。它們治療癌症的傳統功能很有可能是行之有效的，因為它們含有蛋白酶抑制劑，我們知道這是一種抗癌的化學物質。

這種作物已經被證明可以降低食用高脂食物的動物的動脈血管中積聚的脂肪，因此，為了降低高血壓，在日常飲食中應該堅持食用茄子。但是人們在食用茄子的時候經常油煎，這大大提高了它的卡路里含量。

在烹調之前用鹽把茄子醃一下，可以除去其中的苦汁和水分。用不銹鋼（而不是碳鋼）刀把茄子切成薄片，撒上鹽在一旁擱置半個小時。然後用流動水清洗，再用餐巾紙吸乾，在茄肉變色之前進行烹調。

➕ *有助於降低膽固醇的指數和高血壓。*
➕ *可以預防癌症。*
➕ *最好吃小茄子，放在烤爐中烘烤。大的茄子只好用來做蔬菜雜燴。*
➖ *患有風濕性關節炎的人最好避免食用茄子。*

超級美食
●*如果你自己種植了茄子，可以把茄葉加熱製成膏藥用來治療燙傷、燒傷和擦傷。但是要注意，由於茄葉有毒，僅限於外用。*

橄欖

❶ ❸ ❹ ❺

每標準客所含的能量為3千卡
富含抗氧化劑

橄欖樹是一種非凡的植物，因為它能在一千多年、甚至更長的時間裡結果。它在史前時代就已經在地中海的某些地區開始種植，而且立即就與每個文明中的營養、醫療、宗教、文化等各個方面產生了聯繫。在醫療方面，橄欖葉非常重要。除了結出橄欖果以外，橄欖樹還是最有營養的植物油——橄欖油的來源。

直接從樹上摘下來的橄欖果是不能吃的，它們又硬又苦。因此必須先在濃度很高的鹽水中醃製加工。這使得端上桌子的橄欖果的鈉含量非常高，每100克的鈉含量高達2,250毫克。希臘人製作橄欖的方法有所不同，他們不使用含有強鹼的溶液做媒介物，而是僅僅依靠鹽水。但是不管你選擇哪一種橄欖，都要在流動的水中徹底沖洗15分鐘，盡可能地減少鹽分，在吃之前用橄欖油浸泡一下。

橄欖的確可以提供大量的維生素E、一點纖維和一些單一不飽和油，但是幾乎沒有什麼別的營養成分。對健康有巨大好處的是橄欖和橄欖油中的抗氧化化合物。這些化合物中最重要的是植物固醇。

✚ 對皮膚、血液循環和心臟有好處。

✚ 最好徹底浸泡除去高鹽成分後再食用。

➖ 如果你患有高血壓，最好避免食用橄欖。

食品應急小秘方

● 眾所周知，橄欖葉含有油橄欖苦素（oleuropein），它是一種強有力的抗菌和抗病毒成分。這種物質在整棵橄欖樹和果實中都存在。用橄欖葉泡製的又濃又苦的茶，可以降低血壓和提高自然免疫力，因此一直以來都被用於慢性疲勞綜合症的治療。

堅果、種子和豆類

堅果、種子和豆類種類繁多，作為健康平衡食譜的一部分，它們應該得到更為廣泛的應用。尤其是堅果，堪稱是能量與營養素的儲藏室，既可以做開胃菜，也可以做甜點，而豆類——除了無處不在的烤豆以外——可以提供廉價和低脂肪的蛋白質的功能還沒有被廣泛認識到，對這一點稍加想像，就可以把豆類應用到無數的處方中去。

開心果

許多世紀以來，堅果和種子就被希臘人、羅馬人、中國人、南美洲人和北美洲土著居民廣泛種植和深深喜愛——這樣做顯然是正確的。它們含有大量蛋白質、脂肪、許多礦物質和一些纖維。雖然堅果和種子中的蛋白質缺乏某些重要的氨基酸，但這些缺乏會很容易地被其他來源所補充。堅果和某些種子中的脂肪總含量超過肥肉——椰子和松仁除外，但是——這些都是不飽和脂肪，有助於降低膽固醇。堅果和種子還缺乏維生素B12，但是含有其他B族複合維生素。不過堅果中含有的一些礦物質和植酸（在花生中是草酸）容易結

南瓜子

小扁豆

合，這使得身體吸收礦物質比較困難。為了增進吸收，可以把堅果和種子烘烤或煮熟，也可以同時吃一些含維生素C的東西。堅果（尤其是花生）和種子偶爾會引起嚴重過敏反應，這可能是致命的。尤其應該特別注意嬰幼兒不要被堅果卡住引起窒息。

堅果和種子中包含的纖維和多不飽和脂肪對治療糖尿病和預防冠心病很有幫助。堅果和種子對便秘、痔瘡和靜脈曲張以及男性生殖力（尤其是南瓜種子）也有好處，可以防治某些形式的癌症，尤其是乳腺癌和前列腺癌。

豌豆

豆類（也稱做莢果），是豆莢的乾種子，包括大豆、豌豆、扁豆等。它們是可溶性纖維和蛋白質的重要來源，雖然必須和全麥食品結合才能產生完全蛋白質（指包含所有必需氨基酸的蛋白質）。

杏仁
❶ ❷ ❸ ❹

每100克所含的能量為612千卡
富含蛋白質和礦物質

我們最常吃的杏仁是甜杏仁。杏仁富含脂肪和鋅、鎂、鉀、鐵等重要礦物質，此外還有一些B族維生素。由於它們還含有大量草酸和植酸，很容易和這些礦物質結合並把這些礦物質排出體外，所以你應該在食用富含維生素C的食物的同時食用杏仁，從而使吸收最大化。在所有堅果中，杏仁的鈣含量最多，還有20%的蛋白質——如果用所佔重量來衡量，比雞蛋還要多三分之一。杏仁油對皮膚尤其有益。

❌ 苦杏仁含有有毒的氰化氫，絕對不可以生吃。

食品應急小秘方

● 杏仁奶可以使病人得到安慰和滋補。把50克（1.75盎司）完整的杏仁浸泡在溫水中，然後去皮。加入1升（1.75品脫）水的一部分，一起搗碎。加入剩餘的水，再加一茶匙蜂蜜攪拌，用細紗布過濾，然後飲用。

澳大利亞堅果
❶ ❷ ❹

每100克所含的能量為748千卡
富含纖維、蛋白質、鐵和鋅

雖然它最初產自澳大利亞，但現在主要是在夏威夷種植。我們很少能看見新鮮的澳大利亞堅果，因為它們差不多都是烘烤或鹽醃過的。它們的脂肪含量很高，因此很快會酸腐。它們是纖維、蛋白質、鐵和鋅的重要來源，但含鹽量很高。

葵花籽
❶ ❷ ❹

每100克所含的能量為581千卡
富含蛋白質和維生素E

葵花籽除了味道很好以外，還非常有營養。它們可以提供大量蛋白質、B族維生素、鐵、鋅、鉀和硒，而且還是維生素E的最好來源。可以把它們撒在開胃菜上或拌在色拉裡。

美洲山核桃
❶ ❷ ❹

每100克所含的能量為689千卡
富含蛋白質和不飽和脂肪

美洲山核桃是蛋白質的良好來源，它們不飽和脂肪的含量很高，還包含數量可觀的纖維。它們還可以提供數量適當的鈣、鎂、鐵和鋅，100克美洲山核桃就可以提供超過每日推薦攝入量的維生素E。

巴西堅果
❶ ❷ ❹

每100克所含的能量為682千卡
富含硒

巴西堅果富含脂肪，很快就會酸腐。最好從信譽良好的供應商那裡，需要多少就購買多少。它們是重要的微量元素硒的最豐富的來源之一——每天幾顆堅果就可以滿足你預防心臟疾病和癌症的需要。

栗子
❶ ❷ ❹

每100克所含的能量為170千卡
富含纖維

你可以買到這種神奇的堅果各種各樣的：帶皮或不帶皮的，新鮮或乾燥的，磨碎放在肉裡，甚至罐裝的、真空包裝的或冷凍的。千萬不要把它們和有毒的馬栗混淆，後者用做藥材。

栗子在吃之前必須煮熟（英國的傳統是放在火中烤熟），也可以用於甜點和開胃菜，和蔬菜一起煮熟，放在湯裡，或做成傳統的火雞填料。乾燥並磨成粉後，它就成為遭受腹腔疾病折磨和任何形式的麩糠不耐症患者的上好食物，因為它沒有麩糠。

栗子含有的卡路里比其他堅果都低得多，因為它的脂肪含量少得多。但是它們的蛋白質含量也很低。它們可以提供一些維生素E、鉀和維生素B_6。

超級美食

●絕大多數堅果（椰子和松仁除外）都含有亞油酸，它可以消除膽固醇沉澱物，被認為可以防治心臟疾病。

芝麻
①②④⑨

每100克所含的能量為598千卡
富含鈣和B族維生素

幾個世紀以來，芝麻在中東和遠東就已經很普遍，它們被認為是有效的壯陽藥，這很可能是因為其中含有維生素E和鐵的成分。它們還是鈣的豐富源泉，含有大量蛋白質和鎂。芝麻的B族維生素含量也很豐富，尤其是葉酸和煙酸。

在中東地區，芝麻傳統上被用來製作一種廣泛分佈的叫做"芝麻醬"的東西，這是一種黏稠的調味醬，質地上比較接近花生醬，但是沒有凝結的小硬塊。芝麻醬可以撒或者塗抹在蛋糕尤其是全麥麵包上，營養豐富，味道獨特。芝麻醬在亞洲烹飪中是一種重要的調味品，芝麻做的香油既適合做色拉，又適合做炒菜。

椰子
①②④

每100克所含的能量為351千卡
富含纖維

椰子新鮮時食用味道鮮美，椰子汁也是一種提神的飲料，雖然營養價值不高。脫水（乾燥）以後，椰子可以用於烹飪，但經常壓縮成椰脂硬塊。不過所有椰子的飽和脂肪含量都大大高於其他堅果。它還是纖維和其他營養素的良好來源，但是應當中和以後再食用。

榛子
①②④

每100克所含的能量為650千卡
富含維生素E

榛子是蛋白質、纖維和鎂的重要來源，還包含鐵、鋅和大量維生素E——每100克可以提供人體一週所需的維生素E。它們鹽的含量很低，自身的味道很好，可用於烹飪或製作榛子醬。

松仁
❶ ❷ ❹

每100克所含的能量為688千卡
富含維生素E、鉀和蛋白質

這是地道的地中海美味，是傳統的意大利香蒜醬的關鍵配料。雖然脂肪含量很高，但仍不失為蛋白質的良好來源。它們提供一點點纖維，但含有大量的鎂、鐵、鋅，以及大量的維生素E和鉀。

開心果
❶ ❷ ❹

每100克所含的能量為601千卡
富含維生素E和鉀

想買到不含鹽的這種美味堅果幾乎是不可能的，而用鹽加工過的開心果則含有太多的鈉。它是優良的蛋白質來源，還包括一定數量的纖維、鐵、鋅、維生素A、維生素E和鉀。

南瓜子
❶ ❷ ❹ ❾

每100克所含的能量為569千卡
富含鐵、磷和鋅

雖然每100克南瓜子所含的能量為569千卡，但它們還是非常有營養：幾乎四分之一的重量是蛋白質。南瓜子的脂肪含量也比其他堅果和種子低，而且還是纖維、鎂、鉀、鐵、磷和鋅的優良來源，還包含一點點維生素A。南瓜子還是一種非常安全的治療縧蟲（見第65頁）的方法，是一種行之有效的治療寄生蟲的傳統草藥處方。

超級美食

●由於鋅的含量很高，南瓜子對於男性尤其有益。鋅對於精液的產生非常重要，此外也是一種對前列腺具有重要保護作用的物質。因此每天一小把南瓜子是重要的健康保證。

花生
❶❷❹

每100克所含的能量為564千卡
富含蛋白質、維生素D和吲哚

花生無論生吃還是烤吃，營養都極其豐富，但如果用鹽醃製，就不那麼健康了。它們的蛋白質含量很高，每100克花生幾乎可以提供身體所需的一半以上，而脂肪含量則相對較低。它們是纖維、鎂、鐵和鋅的優良來源，也是維生素D和有益的吲哚的重要來源。

腰果
❶❷❹

每100克所含的能量為573千卡
富含鉀、葉酸和煙鹼酸

簡單烘烤的腰果可口美味，富含保護心臟的單不飽和脂肪。它們還是鉀、葉酸和煙鹼酸的優良來源。腰果醬雖然卡路里含量很高，但是營養價值很高。腰果樹生長在巴西，堅果結在水果的下面——居住在熱帶雨林中的巴西人喜歡水果勝於堅果。腰果經常帶殼烘烤並出售，因為烘烤可以破壞掉它兩層殼之間的腐蝕性的油。

核桃
❶❷❹

每100克所含的能量為688千卡
富含葉酸

新鮮的濕核桃非常好吃。不管是生吃，剁碎放入蛋糕，醃製或者榨油，核桃都堪稱健康食品。鈉和飽和脂肪的含量很低，多不飽和脂肪和單不飽和脂肪含量高，此外還能提供蛋白質、一點鋅、維生素E和葉酸。

⬤ 鹽醃製過的腰果在某種意義上是高血壓和心臟病患者的真正危險食品。*每100克腰果可以提供食鹽的每日推薦攝入量的一半以上。*

豆類

因它們的蛋白質和可溶性
纖維成分而備受讚譽

豆類——包括所有的乾豆和綠豆，此外還有豆芽和豆製品——是可溶性纖維的絕妙來源，能夠和全麥食品相結合，產生不可或缺的肉類的替代品。它們還能提供大量能量：在非洲的亞撒哈拉地區，它們提供的能量佔全部能量的11-17%，在中國則佔10%。

乾豆是蛋白質最豐富的植物來源，烹飪後蛋白質佔全部重量的6-11%——在這個意義上可以說它們和肉類相當。它們還是維生素、礦物質和大豆異黃酮之類的生物活性化合物的優良來源，其中後者可以防治乳腺癌。尚未成熟的、綠色的豆類，缺乏蛋白質、澱粉和一些礦物質的濃縮資源，但是維生素A和C的含量很高。一些豆芽，比如綠豆芽、鷹嘴豆芽、苜蓿芽和紅豆芽，都是維生素的優良來源。

豆類在全世界廣泛食用。食用方法各式各樣，比如日本和中國的豆製品（豆腐）、中國的綠豆芽、墨西哥的辣味烤豆、印度的 *"dahl"*（由小扁豆、洋蔥和各種調味品製成）、中東地區的 *"falafel"*（油炸鷹嘴豆餅）和 *"humus"*（鷹嘴豆泥）、古巴的黑豆飯、波士頓的烤豆、意大利的蔬菜通心粉湯、瑞典的豌豆湯。它們無處不在，你根本無法抗拒品嚐和享受這些營養豐富的食品。

四季豆

眉豆

四季豆

綠豆
② ③ ④ ⑧ ⑨

蠶豆
每100克所含的能量為58千卡
四季豆
每100克所含的能量為24千卡
紅花菜豆
每100克所含的能量為22千卡
富含鉀和葉酸

紅花菜豆和四季豆都包含維生素A和C，因此對於皮膚不適者有一定幫助；它們還包含重要的纖維，對便秘者有幫助。蠶豆，可以單獨生吃，是蛋白質的優良來源，與橄欖油和大蒜一起熬湯時，是康復期病人的營養佳品。它們還是泛酸的優良來源，有助於增強男性的性交能力。

豆類富含鉀，但鈉的含量很低，有溫和的利尿作用。豆類的葉酸含量也很豐富，所以它們是打算懷孕的女性的優良選擇。

⊕ *對解決消化問題、皮膚不適和男性性能力問題有好處。*
⊕ *紅花菜豆和四季豆最好輕微蒸熟後食用，蠶豆可以生吃、蒸吃或做湯。*
⊖ *蠶豆莢是服用抗抑鬱藥MAOI（單胺氧化酶阻化劑）的"禁忌食品"。*

大豆
① ④

每100克所含的能量為141千卡
富含蛋白質和抗氧化劑

大豆包含最完善的完全蛋白質，並把自己提供給一系列營養豐富的豆製品（見第109頁）。但是大豆最有價值的地方還是它的抗癌作用。它的抗氧化成分能保護人免受自由基的傷害，除了癌症以外，自由基可以導致心臟和循環系統疾病。日本人的研究已經證明，只需要每天食用一客味噌湯，患胃癌的風險就會降低三分之一。由於含有植物雌激素化學物質黃酮，大豆還可以防治與荷爾蒙有關的癌症——乳腺癌、卵巢癌和子宮頸癌等。其中最新被分離出來的是染料木黃酮，已經知道它可以抑制癌細胞的生長。

⊕ *是一種有用的預防癌症的食品。*
⊕ *對心臟和循環系統疾病有好處。*
⊕ *最好吃豆腐、豆漿、豆腐腦、醬油或味噌。*
⊖ *大豆是一種常見的食品過敏源，在某些人群中可能會引發消化問題或頭痛。*

豆腐

味噌

豆製品
① ② ④
豆腐
每100克所含的能量為261千卡
富含蛋白質

在亞洲，食用豆腐已經有很多個世紀的歷史。在西方，豆腐作為肉類的替代品也日益被越來越多的素食主義者接受。因為這一點，大豆通常被做成大豆香腸、大豆雞塊、像牛肉一樣的大豆肉塊和大豆肉餡。有大量證據表明，多吃大豆、少吃肉可以減少患胃癌的風險，有益減少高膽固醇和心臟疾病。

味噌（由發酵的豆麵醬做成）是把煮好的大豆和已經粉碎的大米、大麥或更多已經發酵的大豆混合在一起做成的。把混合物留待進一步發酵，以形成黏稠、營養豐富的醬。

可以飲用的豆漿是大豆經過浸泡、研碎、煮沸、過濾等工序製成的。它更加精純，而且可以加入糖、油、調味品和鹽。往裡面再加入一些鈣，就可以製成豆腐腦。這兩者都是乳製品過敏症患者的理想替代食品。

豆腐是用豆漿做成的，豆漿凝固後，讓多餘的清水廢棄流走，把凝結塊壓實，就做成了豆腐。它的吸收功能很強，可以大量吸收一起烹飪的其他成分的香氣味道。

日本人不吃大量的豆腐，而只是吃一小部分，和大米一起做為主食能量的來源，同時還食用大量蔬菜，包括海藻。這非常重要，因為人們相信大豆中含有能降低甲狀腺功能的成分，而海帶則富含能夠刺激甲狀腺功能的吲哚。

總之，大豆的優點和產品都非常多。

- ✚ 對癌症的治療和預防都有好處。
- ✚ 是那些牛奶過敏症患者理想的替代食品。
- ✚ 對素食者和糖尿病患者有益。
- ✚ 對心臟疾病、高血壓和高膽固醇有好處。
- ✚ 對便秘和結石患者有好處。

芸豆

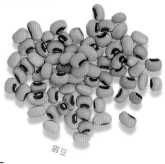

眉豆

乾豆
① ④ ⑧

紅豆
每100克所含的能量為123千卡
眉豆
每100克所含的能量為116千卡
棉豆
每100克所含的能量為62千卡

鷹嘴豆
每100克所含的能量為42千卡
扁豆
每100克所含的能量為57千卡
芸豆
每100克所含的能量為123千卡

斑豆
每100克所含的能量為82千卡
富含纖維和礦物質

白從遠古時期開始，乾豆就已經是人類賴以生存的主食食品。除去水果和蔬菜，全世界只有大約50種植物構成了人類飲食的主要內容。其中絕大多數是穀類，排在第二位的就是豆科植物——這是一個包括所有豆類的大家族，也被稱為豆類。

豆類家族中，除了含油量很高的成員，比如落花生和花生以外，其他豆類都是低脂低鹽，不含膽固醇，但卻是蛋白質、澱粉、維生素、礦物質和纖維的優良來源。它們還有其他兩個顯著優點——極其便宜，能比幾乎其他任何食物都保存得更為長久。它們是最有營養、最令人滿意、功能最多、最健康的食品，稍加想像我們還可以説它是金錢能夠買到的最美味的食物。

豆類是最好的一種纖維——可溶性纖維的豐富來源，2湯匙煮好的芸豆提供的纖維是一片全麥麵包的4倍。這種纖維能和膽固醇結合，有助於從體內清除掉膽固醇。同時，豆類還含有大量蛋白質，從一磅的含量來看，它和牛排一樣，但價格只是牛排的幾分之一。沒有一種豆類含有能夠組成蛋白質的所有的重要氨基酸，但如果豆類只是混合食譜的一部分就沒什麼問題。嚴格的素食主義者應記住在同一頓飯中，豆類食品應當和一種或多種其他主要食品（乳製品、堅果和種子或穀物）搭配食用。尤其重要的是，素食者應食用豆類作為蛋白質的來源，因為它們含有非常重要的葉酸，缺乏葉酸會導致生育問題和貧血。▶

鷹嘴豆

棉豆

乾豆（續）

豆類是鈣、鐵、銅、鋅、磷、鉀和鎂等礦物質的重要來源。由於它們的高鉀低鈉含量，它們成為高血壓患者和因其他原因需要低鈉飲食者的理想食物。

對於糖尿病患者來說，豆類含有最佳形式的澱粉，因為它們能夠被容易而緩慢地消化，並轉化為相對較少的糖分。它們通常還能防治癌症，因為含有蛋白酶抑制劑，它可以防止癌細胞的擴散。

扁豆、綠豆、眉豆和乾裂成兩半的豌豆不需要浸泡，但是其他所有的豆類在烹飪之前都應該浸泡至少6-8小時。芸豆必須煮10分鐘以上，煮爛和燉透直到爛熟，這樣才能破壞一種叫做外源凝集素的毒素，這種毒素會引起胃部不適。如果用鹽來烹飪豆類，其表皮會變得更堅韌，更不容易消化，從而更加助長能引起發酵的腸道細菌。不要給燉鍋蓋上蓋子，以使豆子的表皮柔軟和容易消化。罐頭豆類食品應該在流動水下面仔細清洗，以去除多餘的鹽分。

草藥香薄荷的德文名字是"豆類香草"，在烹飪豆類時加入一些這種香草，可以減少腸胃氣脹（加入茴香或者香菜種子也會收到同樣效果）。

- ✚ 對於心臟、循環系統和高血壓有好處。
- ✚ 是一種有益的防治癌症的食品。
- ✚ 對腸功能健康有好處。
- ✚ 最好烹飪後或做成罐頭食用，但要注意多餘的鹽分。

豆類常識

紅豆（aduki beans）：以纖維、鎂、鉀和鋅的含量見長。

烤豆（baked beans）：或者海軍豆（navy beans），富含纖維、鐵、硒和吲哚（但要注意多餘的鹽分）。

眉豆（black-eyed beans）：以纖維和硒以及葉酸的含量見長。

棉豆（butter beans）：含有有用的纖維、鉀和鐵。

鷹嘴豆（chickpeas）：以纖維、鈣、鐵和鋅的含量見長。

扁豆（haricots）：含纖維和鐵。

芸豆（kidney beans）：富含纖維、鉀和鋅。

綠豆（mung beans）：澱粉含量低，但葉酸含量高。

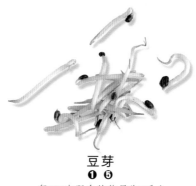

豆芽
❶ ❺

每100克所含的能量為5千卡
富含維生素C

豆芽——不僅是傳統的綠豆芽，還包含很多種其他豆芽——是維生素和礦物質的優良來源。它們曾被描述為"能夠想像出來的最清新、純淨、最有營養價值的食物"。它們價格低廉，培植容易。當你促使豆類發芽時，你所做的生產只是使已經存在的營養包裹盡可能增大。在一項研究中，麥粒裡只發現了少量的維生素C，但是在隨後的幾天裡，這一數字增加了六倍。每100克豆芽可以提供兩天所需的維生素C含量。

一年中的任何一天你都可以開始培植豆芽（但是注意只購買有機種植的豆類和種子），並收穫新鮮的產品馬上食用：紅豆、綠豆和大豆、苜蓿、芝麻和葫蘆巴種子、大麥和麥粒，以及鷹嘴豆等都很容易發芽。揀選種子，剔除那些明顯受傷的種子。用大量溫水浸泡12小時，然後把水倒掉。把它們放入一個壜子中，蓋上奶油包布，用一根有彈性的帶子固定。放置在一個溫暖黑暗的地方。每天用清水沖淋多次，然後濾乾。兩到六天之內，你就可以準備收穫這種營養物質的"發電廠"了。

超級美食

●豆芽是癌症患者以及那些急於提高身體免疫力和需要最好的營養的人的理想食品。

✚ 對於治療癌症和預防癌症有好處。

✚ 對任何免疫系統受損害者都有好處。

✚ 對所有的慢性疲勞患者都有幫助。

✚ 最好趁新鮮時生吃；也可以與其他蔬菜一起用旺火煸炒後食用。

➖ 系統性紅斑狼瘡症患者可能會對豆芽產生過敏反應。

豌豆
❷ ❺

每100克所含的能量為83千卡
富含硫胺素和葉酸

在英國人今天食用的蔬菜中，豌豆無疑是最受歡迎的一種。不過令人遺憾的是，從營養的角度來看，罐頭食品佔有了市場最大的份額。沒有什麼能夠比得上從後花園直接採摘的自己親手種植的豌豆的味道了。

青豌豆是硫胺素（維生素B₁）的優良來源，每150克（5盎司）的含量超過一天所需。青豌豆還是葉酸的重要來源，提供一定數量的維生素A和C，以及蛋白質，不過它需要與大米、意大利通心粉或麵包結合形成完全蛋白質。

由於豌豆中的糖從豆莢剛剛從藤蔓上摘下時就開始轉化為澱粉，因此很多人更喜歡冷凍豌豆中的甜味。現代技術可以使豌豆收穫以後立即冷凍，保存它們的糖分和維生素C。它們可以冷凍一年而不損失任何營養。

現在比較流行的嫩豌豆成分和青豌豆完全一樣，但是食用時要吃掉整個豆莢，這樣你所攝入的維生素A和C的數量也顯著增加。

所有豌豆（包括鷹嘴豆，也是一種食用豆，不同的人群食用方法相同）都是食用纖維的優良來源。

➕ *對緩解壓力、緊張和消化問題有好處。*
➕ *最好吃非常新鮮或冷凍的。*
➖ *豌豆包含大量的肌醇六磷酸，它可以降低鐵、鈣、鋅等礦物質的生物活性，因此不要單獨食用豌豆。*

食品應急小秘方

● 一大袋冷凍豌豆可成為最廉價的可重複利用的冰袋，用來治療拉傷、扭傷、擦傷、肩關節凍結症、肘部發炎等。在凍豌豆和皮膚之間要一直放一層薄布。在豌豆上用墨水做好不能擦掉的記號，以防誤食。

紅綠小扁豆

紅小扁豆

小扁豆
❹ ❺

每標準客所含的能量為41千卡
富含蛋白質、澱粉和B族維生素

小扁豆在史前時代就已經被人類當作食物——其證據已經在瑞士的考古遺址發掘中被發現。像所有豆類一樣，小扁豆含有豐富的蛋白質、澱粉，也是B族維生素的優良來源。它們還包括非常重要的鐵、鋅和鈣。不利的是，它們含有的植酸，使得人體對這些礦物質的吸收更加困難。在食用小扁豆的同時食用大量含有維生素C的食品，可以大大提高鐵的吸收量。

雖然小扁豆富含蛋白質，但這種蛋白質並不包含所有的氨基酸。但是如果小扁豆和大米、全麥麵包等穀物相結合，就會提供給人體完全蛋白質——印度的素食主義者把"dahl"和大米、麵包搭配在一起吃。

小扁豆最常見的樣子有紅色、黃色、綠色和褐色，它們彼此之間的營養價值幾乎沒有什麼區別。唯一不同於其他豆類的是，小扁豆在食用之前不需要浸泡。小扁豆可以提供大量的纖維，這使得它可以保護食用它的

人不患腸癌；它可以提供大量的B族維生素，尤其是煙酸，因此成為壓力過大或精神疲憊者的最佳食品。

➕ 對素食者和糖尿病患者有益。
➕ 可以降低膽固醇，減輕壓力和神經疲勞。
➕ 最好單獨烹飪食用，或者與洋蔥和各種調味品一起製作傳統的印度 *"dahl"*。
➖ 小扁豆中所含的嘌呤可以導致尿酸鹽在關節中堆積，因此痛風患者最好避免食用。

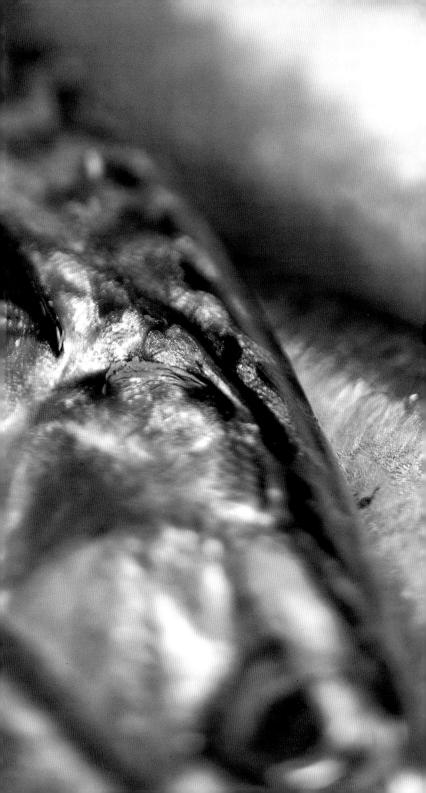

肉、魚和水生貝殼類動物

雖然近年來肉類工業受到不少壓力，但是肉類仍然是蛋白質的重要來源，由於含有血紅素鐵和鋅，它仍然在預防貧血方面發揮重要作用。因此近年來所有官方推薦仍然把肉類列為營養和健康的食品的一部分，但是建議用瘦肉、不帶皮的家禽和所有營養豐富的魚類和水生貝殼類動物來代替肥肉。

我們已經知道，在工業化社會，肉類和肉製品是飽和脂肪的重要來源——飽和脂肪的大量攝入與癌症、冠心病和肥胖症密切相關。但是儘管有這些風險，以及最近眾所周知的大腸桿菌（E. coli）和瘋牛病（BSE）的爆發，但是紅肉（來自牛肉、羊肉和豬肉）仍然佔據着發達社會絕大多數飲食的中心地位。作為一般規律，肉類消耗量會隨經濟發展而增加：比如，在1980到1987年之間，日本人的肉類攝入量從每人每天18克戲劇性地激增到71克。

肉類是蛋白質的優良來源，富含維生素

B_6和B_{12}，以及容易吸收的鐵、鋅、硒和脂肪酸。內臟（腎和肝）含有極其豐富的鐵和維生素A。雖然孕婦應當避免食用肝臟，因為維生素A含量很高，但是即使是少量內臟，在我們的飲食中也應當被充分應用。

魚類賴以生存的海洋和河流的污染問題，世界上某些地方某些魚類（比如吞拿魚）的重金屬污染問題，都日益引起世人的關注。魚類和水生貝殼類在全世界的消費各不相同，這取決於當地的傳統、新鮮魚類的可供量和公眾對經銷和加工的信心。

如果從所佔比重考慮，魚類是蛋白質的優良來源，幾乎沒有一點浪費。它的B族維生素、鐵、鋅含量和肉類與家禽相比相對較低，但是深海油魚是視黃醇（維生素A）、維生素D、Ω-3脂肪酸（被認為可以防治冠心疾病）和鈣（如果魚骨頭也被吃掉的話）的豐富源泉。水生貝殼類動物的硒和鐵的含量很高。

牛肉
❺

鹹牛肉
每100克所含的能量為217千卡
炖牛肉
每100克所含的能量為229千卡
烤後腿瘦肉牛排
每100克所含的能量為168千卡
富含蛋白質和礦物質、維生素B₁₂以及B族維生素

牛肉（beef）傳統上一直是所有肉類中最受歡迎的肉之一。《牛津英語詞典》對 "beef" 的定義是：閹公牛、公牛或母牛的肉，"beef" 這一名稱來源於拉丁語 "bos"、"bovis"。在英國的早期歷史中，只有佔統治地位的諾曼人才有資格吃牛肉。

每年在全世界飼養的牛和小牛大約有2.37億頭，水牛大約有1,100萬頭，因此，牛肉無疑是一種世界性的肉類。它的營養價值不容否定，除了纖維以外，它還能提供絕大多數的營養物質，雖然某些成分（比如鈣、維生素C和葉酸）的含量很少。牛肉還是微量元素的優良來源，比如吲哚、鎂、鋅、鈷、硒、鎳、鉻、鉬、氟、釩和硅。這些成分的存在取決於這些動物放牧地的土壤或者人工飼料的成分。

近年來隨着素食主義潮流的發展，以及人們對食用牛肉的營養效果的擔心，在美國和英國已經漸漸形成以白肉代替牛肉作為動物蛋白質主要來源的趨勢。除了最瘦的部分以外，所有牛肉都含有重量高達20%的飽和脂肪，人們越來越警惕地注意到肉類的高消耗和不斷升高的血液膽固醇水平之間的關係。

而且，大腸癌、前列腺癌和飲食中的大量紅肉之間的關聯已經被確立，這是減少牛肉消耗、只是偶爾嘗試而不是每天食用的一個不錯的理由。世界衛生組織（World Health Organization, 簡稱WHO）和哈佛公共健康學校建議，一個月應該只吃幾次牛肉。

不同牛肉的營養成分也很不相同。比如，每100克鹹牛肉含有950毫克鈉，炖牛肉中的含量 ▶

牛肉（續）

為320毫克，烤後腿瘦肉牛排中的含量僅為56毫克。鹹牛肉含有的脂肪總量是12.1克，燉牛肉中的含量為15.2克，烤後腿瘦肉牛排中的含量僅為6克。

牛肉的烹調方法也是影響營養狀況的重要因素。在烹調之前要切掉肉眼可見的多餘的肥肉部分，這樣可以降低菜做好後的脂肪含量。大塊腿肉必須放在三腳架上燒烤，這樣脂肪可以滴落到下面的平底鍋中。牛排和排骨也應該用同樣的方法烹製。野餐燒烤時燒烤過度的肉類會產生大量的致癌物質，脂肪含量越高，致癌物質含量也越高，這兩者之間的聯繫已經被發現。尤其要小心那些廉價的香腸和漢堡，它們含有大量的脂肪。

近年來有大量關於牛肉的負面事件，其中最令人驚恐的是牛綿狀腦病，也叫"瘋牛病"，它已經被和人類的一種新病"克羅伊茨費爾特－雅各病"（CJD）聯繫在一起。更加陰險的風險是違法使用化學藥品造成的牛肉污染，雖然很久以來抗生素就被禁止用做動物飼料添加劑，但有跡象顯示，在整個歐洲，違法的荷爾蒙仍在大量使用，而在美國，一些實驗室製造的"自然"荷爾蒙被允許用作生長促進劑。

➕ 含有大量的、各種各樣人體必需的營養物質，尤其是鐵和鋅。

➕ 對於貧血、緊張和其他神經問題有好處。

➕ 最好放在三腳架上燒烤或者燉吃。

➖ 嫩煎漢堡可能藏匿一些有害的細菌，包括O157：H7型產志賀樣毒素大腸桿菌。

大腸桿菌（E. coli）

● 人們相信，每年被O157：H7型產志賀樣毒素大腸桿菌感染的美國人超過2萬人。1993年有500多人發病，有幾名受感染的兒童死亡。1996年在蘇格蘭有一次大爆發，隨後在1997年初爆發了第二次，導致至少20人死亡，許多人病重。把漢堡徹底煎透可以降低接觸到大腸桿菌的風險。

骨膠

每標準客所含的能量為10千卡
營養價值非常有限

小牛肉
❺

每100克所含的能量為109千卡
富含蛋白質和B族維生素

骨膠是動物肉皮、筋、韌帶長時間熬煮之後產生的。它含有膠原蛋白,絕大多數是蛋白質,但這是一種人類系統非常難以消化的蛋白質。

正是骨膠使得燉肉黏稠、營養豐富,當和以其他形式存在的蛋白質——比如大豆,乾裂成兩半的豌豆,大麥和小扁豆——在一起時,骨膠能提供更多的蛋白質。骨膠的主要商業用途是,在製作屈萊弗甜食、奶油凍以及許多同類甜食時作為定型劑使用(素食主義者要注意!),還是做明膠基軟糖和肉凍的主要成分。由於它製作成本低廉,食品加工業越來越多使用骨膠作為定型劑。

骨膠還是兩則無稽之談的對象:吃新鮮肉凍就不會有寄生蟲,也不會使你的指甲變堅固。

➕ 可以用做定型劑,也可以使燉菜黏稠。
➖ 所有肉凍都很容易受到細菌污染,因此在製作和保存時都必須注意。

近年來小牛肉成為一種飽受爭議的肉類,原因主要是小牛的飼養和運輸方式。對於那些毫不猶豫地食用三個月大的幼牛的人來説,小牛肉是優良的營養品。它的脂肪和卡路里含量僅是瘦肉的一半,但是富含蛋白質、鋅、鉀和B族維生素。

母乳飼養的小牛肉能提供的鐵僅是普通牛肉的一半,但是那些自然飼養的既可以吃母乳、又允許正常放牧的小牛,可以生產更多的瘦肉,其中鐵的含量僅略低於成熟期牛肉。

小牛肉通常被塗上雞蛋和麵包屑,然後用油煎,這種方法在整個北歐非常流行,但是脂肪含量大大增加。

➕ 適合高蛋白質、低脂肪食譜。
➕ 最好烤着吃,或用少量植物油在平底鍋中煎。

羔羊肉
❺
每100克所含的能量為156千卡
富含蛋白質和B族維生素

和所有肉類一樣，羔羊肉也是蛋白質、容易吸收的鐵、鋅和B族維生素的優良來源。在所有的人工蓄養的動物中，羔羊可能是最少受到抗生素殘留污染和最少使用重組動物蛋白飼養的。新年度春季的羊羔是最嫩的，脂肪含量也最低，不過現代的品種脂肪都逐漸在降低。

乾烤羔羊肉，把肉全部浸在熱油中然後從鍋中取出。在鍋中一起煮大蒜、月桂葉、胡椒子和迷迭香。加入一點紅酒，重新把羔羊肉放入鍋中。蓋上鍋蓋小火慢燉。定時檢查湯汁。即將做好時，打開鍋蓋，讓熱氣散去。加入綠色小扁豆。

你從羔羊肉中攝入的脂肪取決於它的切割部位、如何烹製以及你吃的實際上是它的什麼。理想的情形是，在烹製之前就把絕大多數肥肉去掉，應當避免肉上有任何殘留的肥肉。

➕ *對於貧血、高蛋白食譜和沒有胃口的人有好處。*
➕ *最好用鐵架燒烤，或者用希臘/地中海方式乾烤。*

脂肪含量	
烤羊排	
不吃肥肉	12.3克脂肪/100克
吃肥肉	29克脂肪/100克
烤羊腿	
不吃肥肉	8.1克脂肪/100克
吃肥肉	18克脂肪/100克
烤羊肩	
不吃肥肉	11.2克脂肪/100克
吃肥肉	26克脂肪/100克

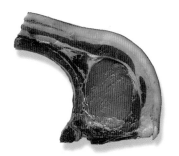

豬肉

④ ⑤ ⑨

每100克所含的能量為122千卡
富含B族維生素和鐵

人們有一個普遍的誤解，就是認為豬肉是"肥"肉。實際上現代品種的豬肉脂肪含量比牛肉和羔羊肉還少，只比不帶皮吃的雞肉稍微多一點點。採用不同的切割部位和烹調方法，會有很大區別。烤豬肉的脆皮雖然很香，但是除了易碎爽脆的脂肪外什麼都沒有，在烹製任何一塊豬肉之前都盡可能把所有的肥肉去掉，這樣更為健康。

毫無疑問，豬肉是很多營養物質的優良來源，它包含大量硫胺素（維生素B_1）、煙酸、核黃素（維生素B_2）和鋅。它還含有大量維生素B_6、磷和血紅素鐵，這是一種比普通的鐵更容易被身體吸收利用的鐵。豐富的B族維生素含量使豬肉成為所有壓力過大和有神經問題的人的最佳食品，維生素B_6和鋅可以幫助緩解經前不適症狀，鋅對於健康精子的形成具有重要作用。有益的鐵含量可以預防和治療貧血，此外，豬肉還是完全蛋白質的優良來源——每100克瘦豬肉的蛋白質含量可以提供一天所需的一半以上。

豬肉的一些副產品也有令人感興趣的療效：尤其是荷爾蒙，比如豬胰島素和肝磷脂等。豬的心臟血管可以在人體外科手術中當作替代物。甚至豬皮，也可以用於對嚴重燒傷的治療。

➕ 對貧血、壓力過大和其他神經問題有好處。

➕ 對PMS和男性生殖能力有益。

➕ 食用時最好徹底煮熟，中間不要有任何粉紅色痕跡，流動肉汁要清亮。

➖ 製作火腿和鹹肉時要使用一些化學物質，但這些化學物質如果被過量食用，就會有致癌作用。

➖ 鹹肉和火腿中鹽分含量很高，高血壓患者應該避免食用。

腎臟

內臟
③ ④ ⑤ ⑨

羔羊、牛和豬的腎
每100克所含的能量為86-91千卡
小牛、雞、羔羊和公牛的肝
每100克所含的能量為92-155千卡
富含維生素A和B、鐵和鋅

當提到食用內臟——美國人稱為器官肉——時，某些人可能會有想嘔吐的厭惡心理。整體來說這是一個遺憾，因為內臟不但某些營養物質極其豐富，味道也非常可口。它們可能膽固醇含量比較高，但很多人混淆了高膽固醇食品引起的健康問題與血液膽固醇含量高這兩個概念，其實除非你的膽固醇含量非常高，經常食用肝臟和腎臟是相當安全的。

腎臟是維生素B₁₂的豐富源泉——每100克的含量為你每天所需的40多倍。它們還含有大量的維生素H（生物素）、葉酸和相當多的維生素C。肝臟是容易被身體吸收的鐵（對造血非常重要）和鋅（對精液健康和性交能力非常重要）的重要來源。缺鋅是疲勞和胃口差的主要原因。肝臟還包括大量維生素A、大量B族維生素（尤其是B₁₂）以及大量維生素

C。公牛肝的維生素B₁₂含量最多，曾一度用做治療惡性貧血的良藥。

小牛肝、雞肝、羔羊肝、公牛肝和豬肝所含的營養物質各有區別，但是都含有豐富的維生素A，它對於健康的皮膚和良好的夜視具有重要作用。維生素A是一種可溶性脂肪，儲存在肝臟中，不會被排出體外。

✚ 對於貧血以及有皮膚和眼睛問題（尤其是夜視較差者）的人有好處。

✚ 對於普通疲勞、男性生殖力和性能力有益。

✚ 最好是燉或用砂鍋燉（羔羊肝、公牛肝或豬肝）來吃，也可以嫩煎（小牛肝、雞肝或雞腎臟）。

➖ 孕婦或打算懷孕的女性不應該食用肝臟、肝醬或肝臟做的火腿。

家禽
因為它們的蛋白質、維生素B和
礦物質而備受稱讚

在1960年代到1990年代之間，家禽的消費量幾乎在每一個國家都有增加，在全世界平均增長了50%。這幾乎完全是因為飽和脂肪含量高的食品——這種脂肪主要來自肉類——與患冠心病的風險增加之間關係密切。家禽的飽和脂肪含量低，絕大多數集中在表皮中，因此很容易除掉。它是蛋白質、鐵和鋅的良好來源（雖然鐵的含量較少，從所佔重量來說，比絕大多數紅肉類要低），還是B族維生素的重要來源。所有家禽都可以做成肉汁鮮美、營養豐富的佳餚，雞肉尤其需要精心烹調。

但是，家禽消費的增加已經引起更多的密集型飼養，逐漸導致家禽肉味道淡薄，飽和脂肪增加，以及含有一些有害的荷爾蒙和抗生素。

既然雞肉和火雞肉已經從周日午宴、感恩節和聖誕節大餐中的奢侈菜餚變成家常便飯，因此家禽的製作烹調方法就無限增多。可以用砂鍋燉，用旺火炒，做溫熱的湯，或者放涼後夾在三明治、拌在色拉中。雞肉和火雞肉可能會繼續為我們的食譜中提供大量營養物質，而脂肪更多但同樣可口的它們的表親——鴨和鵝，仍然只在一些特殊場合偶爾供人品嚐。

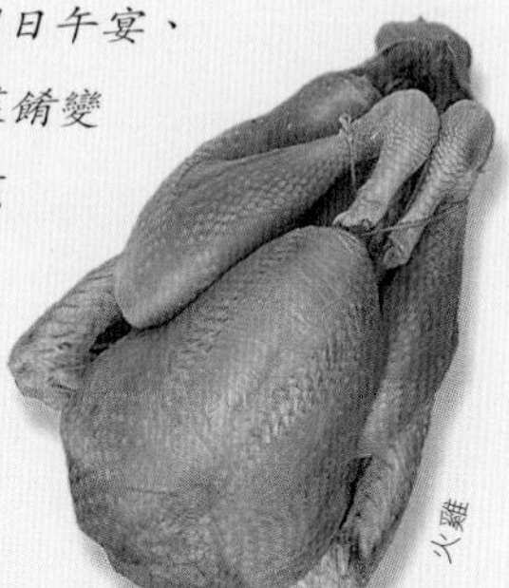

鵪鶉

火雞

雞肉
❶❺❾

每100克所含的能量為153千卡
富含蛋白質、鐵和鋅

在家禽密集化飼養到來之前,雞肉和火雞肉都是奢侈品。現在它們便宜到成為絕大多數人的家常菜,但我們為此付出的代價是香味和肉質的損失、飽和脂肪含量的增加,以及有害化學藥品殘留物的風險。

雞肉中的脂肪含量遠遠低於其他紅肉,而且它的脂肪大多集中在表皮中,很容易去除。除了蛋白質外,雞肉還可以提供大量易吸收的鐵和鋅(是雞腿肉和雞胸肉的兩倍),這使得它成為孕婦的上佳食品,而且它對造血和增加抵抗力十分有益。雞胸肉中的維生素B₆的含量是雞腿肉的兩倍,因此對於PMS很有幫助。

➕ *對康復期病人、貧血者和增強全身抵抗力有好處。*
➕ *對PMS和孕婦有好處(僅限於自由放養和有機飼養的雞)。*
➕ *最好是吃燒過或烤過的雞肉,涼熱均可——但都必須去皮,做湯也非常不錯。*
➖ *夾生的雞肉是食物中毒的常見原因之一。*

鴨肉
❶❺❾

每100克所含的能量為361千卡
富含蛋白質、鐵和鋅

鴨肉也是蛋白質、鐵、鋅和幾乎所有B族維生素的良好來源。雖然鴨子的脆皮很好吃,但是如果你食用100克帶皮的肉,你就會攝入29克脂肪,而如果直接吃肉,攝入的脂肪含量只有9.7克。

用三腳架燒烤鴨肉非常重要,因為這樣鴨肉中的脂肪就會都滴入底部的平鍋中,但不要用這個鍋煎土豆。它還有助於用尖叉和鐵扦刺破表皮,使表皮下的脂肪層在溶化後能流出來。

食用時用傳統的蘋果醬佐餐,不僅使鴨肉味道更好,蘋果中所含的果膠還可以消除與鴨肉一起吃進去的大量膽固醇。

➕ *對經前不適症狀(PMS)和孕婦有好處(僅限於自由放養和有機飼養的鴨子)。*
➕ *對康復期病人、貧血和增強全身抵抗力有好處。*
➕ *食用時最好燒烤,涼熱均可——但都必須去皮。*

鵝肉
❶❺❾

每100克所含的能量為319千卡
富含鐵、鋅和維生素B₁₂

鵝肉非常油膩，它含有的脂肪幾乎和蛋白質一樣多，雖然用下面的方法比較容易除去：把鵝放在燒烤架上，燒烤架放在一個盛水的平底鍋中，用金屬箔把鵝蓋上，把箔的邊緣部分打摺塞進鍋中。加熱直至水沸，用蒸汽把鵝蒸半個小時。倒掉流滿油的水，然後按正常方法燒烤鵝肉，從燒烤時間中扣除半小時。做好後，不要吃表皮。

　　鵝肉含有大量的鐵和鋅，也是磷和鉀的優良來源，每100克鵝肉可以提供超過一天所需的維生素B₁₂。

✚ *對PMS和孕婦有好處（僅限於自由放養和有機飼養的鵝）。*
✚ *對康復期病人、貧血和增強全身抵抗力有好處。*
✚ *食用時最好燒烤，涼熱均可——但都必須去皮。*

火雞肉
❶❺❾

每100克所含的能量為319千卡
富含蛋白質、鐵和鋅

和其他家禽不同，火雞的脂肪含量很低，每100克的脂肪只有2.7克。火雞富含蛋白質，可以提供人體容易吸收的鐵和鋅（紅肉中鋅的含量比白肉更高）。除非精心烹調，它的低脂肪含量也導致肉質乾燥，味道淡薄。一般來說，火雞越大，味道越好。你甚至可以享用一些香脆的表皮。

✚ *對康復期病人、貧血和增強全身抵抗力有好處。*
✚ *對經前不適症狀（PMS）和孕婦有好處（僅限於自由放養和有機飼養的火雞）。*
✚ *食用時最好燒烤，涼熱均可，做湯的味道也不錯。*

超級美食
●所有家禽都可以用來做湯，不過要盡可能地去掉其中的脂肪。這種湯中的蛋白質非常容易吸收，對病人、免疫力低下、慢性疲勞、性功能障礙者有好處。

野獸與野禽

因其蛋白質和礦物質含量而備受讚譽

現在人們對消費野味——長着羽毛的和長着毛皮的都包括在內——的興趣日益高漲。而且帶脆皮的燒烤野雞、燉鹿肉、野生火雞、斑鳩或野味餡餅的濃厚的香味，都可以證明英國和美國的飲食傳統。約翰·阿什（John Ash）和思德·戈爾茨坦（Sid Goldstein）合著的著作《美國野味飲食》（American Game Cooking）中認為：美國的野味是一種良好的折中產品。在廣大田野裡無拘無束自由放養的動物，不會含有人工生長荷爾蒙、抗生素或類固醇，而且會有人經常檢查其數量、是否健康和有無寄生蟲。

鹿肉

和其他肉類相比，野味的蛋白質含量更高，脂肪含量更低。野禽可以提供比其他肉類更多的鉀、鈣、磷、鐵、硫胺素、維生素B_6和B_{12}以及葉酸。

加工所有幼小野禽的最好方法是，在它們前胸放一片鹹肉燒烤。用熱爐火將表皮烤至香脆且變成褐色，但是千萬不能過火。老一些的野禽最好用砂鍋燉。一定要注意的是，在處理野味的時候，有時候子彈可能還留在體內，一定要在烹調之前把子彈取出來。

野雞

野兔

松雞肉
❶ ⑤

每100克所含的能量為59千卡
富含蛋白質、鐵和B族維生素

對松雞進行商業化飼養幾乎是不可能的。英國紅松雞受到蘇格蘭沼澤松雞獵手和全英國飯館食客的高度歡迎,在"神聖的主顯節"之後,人們競相獻祭本季節的第一隻松雞。每個人可以吃一隻松雞。

鷓鴣肉
❶ ⑤

每100克所含的能量為127千卡
富含蛋白質、鐵和維生素

肉汁濃厚、味道鮮美的野鷓鴣,脂肪含量比人工飼養的鷓鴣少得多,因此需要添加豬油,燒烤時也要不斷塗抹油脂。鷓鴣和松雞都可以做成味道鮮美的砂鍋。一個人可以吃下一隻普通大小的鷓鴣。

鵪鶉肉
❶ ⑤

每100克所含的能量為100千卡
富含蛋白質、鐵和維生素

這是體型最小、味道最鮮美的野禽之一。一個人可以吃下兩隻,可以加香草燒烤,用鐵格甚至鐵架進行燒烤。品嘗鵪鶉的唯一方法是使用自己的手指。

野雞肉
❶ ⑤

每100克所含的能量為114千卡
富含蛋白質、鐵和維生素

獵殺的野雞一般可風乾幾天,這樣味道會更濃烈鮮美。超市裡的野雞一般沒有風乾過,所以味道沒那麼濃烈。一隻普通大小的野雞可供兩人食用。

鴿肉
❶ ❺

每100克所含的能量為88千卡
富含蛋白質、鐵和維生素

英國的斑鳩是一種瘦肉型鳥類，只有野生的才可以食用。燒烤時味道很好，但是最好的部分是胸脯肉，經常被燻製後切成薄片。

斑鳩的美國同類乳鴿，已經被商業化飼養，含有少量脂肪。它比野鴿子稍大一點，燒烤時應該速度很快，一定不要烤焦。它去骨後或嫩煎或加上新鮮百里香燒烤，味道都非常鮮美。

➕ 飽和脂肪的含量極低。
➕ 最好在熱火爐上燒烤，成鳥可以燉砂鍋。

兔肉
❶ ❺

每100克所含的能量為68千卡
富含蛋白質

無論是飼養的還是野生的，兔肉都是美味可口的——高蛋白質和低脂肪，從所含卡路里與重量的比率來說，它是所有肉類中卡路里含量最低的。兔肉可以燒烤或嫩煎，不過燉才是最傳統美味的烹調方法。雖然近年來野兔數量有所增加，但仍很難捕獲。被美國人稱為長耳大野兔的幼兔在調味汁中浸泡並燒烤後，味道非常好。不過其他的野兔肉多少都有一些嚼不動，因此最好的烹調方法是燉。

為了補償除蛋白質外兔肉所缺少的其他營養成分，在燉肉的時候可以加入大量塊根類蔬菜，或者用大量色拉佐餐。

➕ 飽和脂肪的含量極低。
➕ 最好燉砂鍋。

鹿肉
❶ ⑤

每100克所含的能量為165千卡
富含蛋白質

雖然現在的鹿通常是飼養的而不是野生的，但食用鹿肉的傳統漸漸開始恢復。正確清理和風乾後，鹿肉的風味和質地都是上等的。它的卡路里含量只有牛肉的三分之一，脂肪含量是牛肉的一半，比雞肉更低。因此，鹿肉是一種健康的選擇。上等的鹿肉塊應當以極高的溫度烹煮，時間上剛剛煮至嫩熟就可以了。另外，在煮之前應該先用調味汁浸泡。紅酒、油和藥草是歐洲人和英國人常用的調味品，而美國人最喜歡的是脫脂乳。

英國人加入大量蔬菜的鹿肉火鍋，美國人用咖啡和蘋果醋烹調的獵人籬火食譜，都是上佳風味。

➕ *飽和脂肪的含量極低。*
➕ *最好在熱火爐上烹煮，或者用調味汁浸泡然後用砂鍋燉。*

野火雞肉
❶ ⑤

每100克所含的能量為114千卡
富含蛋白質、鐵和鋅

北美洲傳統的野火雞和如今人們在聖誕節吃掉的成千上萬隻有着白花花嫩肉的品種幾乎沒有相同之處。野火雞味道鮮美，肉質堅實，幾乎沒有脂肪，富含蛋白質、鐵和鋅。你可以用燒烤它們的家養表親——火雞同樣的方法來燒烤野火雞。

約翰·阿什和思德·戈爾茨坦在他們的《美國野味飲食》中提供了好幾種傳統菜譜，我最喜歡的是把美國野火雞、洋蔥、香料、紅辣椒和墨西哥人對食物的貢獻——巧克力一起做成莫萊燒火雞（Turkey Molé）。

➕ *飽和脂肪的含量極低。*
➕ *食用時最好燒烤，涼熱均可。*

魚和水生貝殼類動物

因它們的蛋白質和礦物質含量而備受讚譽

對蝦

雖然我們早已經遠離了漁獵採集的時代，魚類仍然是我們飲食中的重要部分，現在仍然被大量捕撈。

自從1960年代以來，魚類加工工業在我們所吃的魚中佔據了重要地位，大部分形式是凍魚條、現成的超市魚菜和罐頭魚。令人遺憾的是，現實表明不少家庭對做魚類菜有一種畏懼情緒，對如何準備和烹調魚類、魚可以保存多長時間等缺乏自信。新鮮魚類確實很容易腐爛（尤其是深海油魚），但是常識告訴我們，這一切都是必要的，為了更加健康，我們應該吃比現在更多的魚。

魚類含有大量的蛋白質和礦物質，尤其是海魚，含有大量有益的吲哚成分。所有魚類都含有B族維生素，深海油魚還含有維生素A、D、E，以及精華脂肪酸Ω-3。

烹製魚類最好的方法是烤、蒸、燒烤或者用薄薄一層油煎。所有這些方式都能使營養成分的流失降到最低。但是一定要注意在你買來的任何加工好的魚類中的添加劑。

沙丁魚

沙丁魚

青魚

深海油魚
❷ ❸ ❹ ❻

青魚
每標準客所含的能量為171千卡

吞拿魚（罐頭裝）
每標準客所含的能量為85千卡

富含蛋白質、鈣和維生素D

人們現在已知，鯖魚、大麻哈魚、鱒魚、吞拿魚、青魚、鳳尾魚、沙丁魚、銀魚、西鯡和鰻鱺等含有大量二十碳五烯酸，這是Ω-3家族中脂肪酸的一種，對健康的細胞功能具有重要作用。大量研究已經表明，它們對動脈硬化症、關節炎和風濕性關節炎、周期性乳房疼痛、以及濕疹、牛皮癬等皮膚疾病等各種各樣的問題都有幫助。

除了含大量維生素D（每100克烤新鮮青魚、罐頭大麻哈魚或醃燻鯡魚的含量超過一周所需）以外，小型深海油魚（如西鯡、銀魚和罐頭沙丁魚）還是鈣的優良來源。但是罐頭吞拿魚的維生素D含量僅僅是新鮮吞拿魚的一半，其餘部分都在加工過程中流失了。除了脂溶性維生素以外，深海油魚還能提供能量和礦物質——從所佔比重的角度來講，西鯡能提供和牛肉相同數量的鐵，沙丁魚則和羊肉一樣。

在購買含油的魚類罐頭時，要選擇那些使用橄欖油、葵花籽油或豆油加工的。在食用之前，要濾乾所有多餘的油。

➕ 除了被視為維生素和礦物質的發電站以外，還含有精華脂肪酸。

➕ 幾乎對每一個人都有好處（那些魚類過敏或痛風患者除外）。

➕ 有助於控制體重。

➕ 對關節炎、骨關節炎、風濕性關節炎、濕疹、牛皮癬、周期性乳房疼痛和絕大多數炎症疾病有好處。

➕ 有助於保護心臟。

➕ 最好烤、蒸、燒烤或油煎後食用。

➖ 食用大量燻製的食物已經被發現與癌症的高發率有關係，因此燻魚也只應該是偶爾品嘗即可。

➖ 痛風患者應該避免食用青魚和青魚卵、鳳尾魚、銀魚、沙丁魚、大麻哈魚、西鯡和鯖魚。

鰈魚

白魚
❷ ❹
鰈魚
每100克所含的能量為79千卡
富含蛋白質和B族維生素

從營養學觀點來看，所有的白魚都是相同的，無論海魚——比如鱈魚、黑線鱈、牙鱈、扁鯊、海鯛、鯰魚、紅鯔和灰鯔，笛鯛，鰈魚，鰏魚和大比目魚——還是淡水魚，比如梭子魚，鱸魚，鯿魚和鯉魚。它們不含脂肪，卡路里含量很低，蛋白質含量很高。它們都含有B族維生素，幾乎不含鐵，雖然大比目魚（它含有一點點脂肪）可以提供一點點維生素A，但是白魚普遍不含脂溶性維生素。鱈魚和大比目魚的肝臟富含維生素A、D、E，但是僅僅用於油製品。白魚的卵是B族維生素的優良來源，和其他一些肉類一樣，還是鐵的優良來源。魚卵含有膽固醇，因此對於高膽固醇患者來說，可能會引起健康問題。

毫無疑問，少吃紅肉有益於健康，那麼還會有比多吃魚更好的替代方法嗎？世界衛生組織的食物金字塔建議，每周都應該吃幾次魚。

➕ 被視為是含有不易從其他食物來源中獲得的維生素和礦物質的發電站。

➕ 有助於控制體重。

➕ 有助於保護心臟。

➕ 幾乎對每一個人都有好處（那些魚類過敏或痛風患者除外）。

➕ 最好烤、蒸、燒烤或油煎後食用。

➖ 痛風患者應該避免食用鯷魚、魚子醬和希臘魚子泥色拉。

購魚注意事項

● 在購買魚類產品時，應該檢查魚眼是否明亮有光澤，表面大部分鱗片是否完整，魚腮是否鮮紅。魚類應該一直帶有新鮮的海腥味。應該去信譽良好的市場。

● 在購買水生貝殼類動物時，應能感覺到其體重與大小相符。所有的軟體動物都應該閉合，都應該在購買的當天食用。

螃蟹

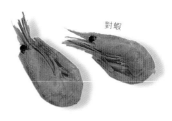

對蝦

水生貝殼類動物

❷ ❹ ❾

蠔
每標準客所含的能量為78千卡
對蝦
每標準客所含的能量為59千卡
富含蛋白質、鐵和鋅

水生貝殼類動物可以很方便地分為甲殼類動物（如螃蟹、龍蝦、對蝦、小蝦、小龍蝦、海螯蝦）和軟體動物（如貽貝、蠔、海扇、海螺、食用螺、蛤和扇貝）。所有這些動物的蛋白質和其他營養成分的含量都和白魚一樣多，但鹽分卻更多，而軟體動物含有更多的鐵和維生素A。它們還是鋅的優良來源，尤其是蠔、海扇、海螺、食用螺。

超級美食

●卡薩諾瓦（Casanova, 意大利冒險家，以所寫的包括他的許多風流韻事的《自傳》而著稱）深諳此道。這位有史以來最偉大的情人通常每天吃掉70隻蠔，他宣稱這正是他有超強的性交能力的原因所在。大家知道，蠔含有大量的鋅——它對於產生精子和保持男性性能力非常重要。一打蠔就足以提供一周所需的鋅。

關於某些軟體動物體內的高膽固醇含量，一直存在很多爭議，但是絕大多數專家現在都同意，只有那些患有基因性油脂新陳代謝疾病的人食用才會有風險。定期食用軟體動物已經表明會降低體內對心臟有害的低密度脂蛋白的含量。水生貝殼類動物還含有一小部分對心臟有保護作用的重要的Ω-3脂肪酸。

食用水生貝殼類動物的另一個過硬理由是，它們含有大量硒，體內缺乏硒已經被證明和心臟疾病以及食道癌、前列腺癌的風險增加有密切關係。

➕ 有助於控制體重。
➕ 有助於保護心臟。
➕ 最好購買當天食用。
➖ 痛風患者應當避免食用貽貝和扇貝。
➖ 水生貝殼類動物很容易引起嚴重的食物過敏。

澱粉食品

這一大類食物，是指澱粉或複合碳水化合物食物，主要包括穀物、小麥、大米、玉米、小米、高粱、大麥、燕麥和稞麥，以及它們的製成品，比如麵包、通心粉和早餐麥片。它們是全世界絕大多數食譜中的主食，其中大米是最主要的食用穀物，其次是小麥和玉米。

一般來說，在發展中國家，穀物（以及其他澱粉類食物）已經構成了飲食和能量的最大組成部分，與此同時，在發達國家，當今的飲食推薦鼓勵我們更多選擇以植物為基礎的食物，目的在於從澱粉類食物中獲得55-60%的飲食能量。

有趣的是，隨着社會日益工業化，穀物提供的能量佔全部能量的比重越來越小，而穀物及其製成品的加工方法也越來越多、越來越精細。

穀物中的澱粉含量約佔全部重量的70%。它們還可以提供數量不等的食用纖維、蛋白質、B族維生素、維生素E和各種微量元素。它們的營養成分受加工方法的影響極大。絕大多數非澱粉類營養物質集中在穀物的胚芽和麩皮中，而這些部分在加工過程

全麥麵包

中通常會被分離出去。穀物製品的加工越精細，其維生素、礦物質和纖維的含量就越

少，因此，應該堅持食用全穀物食品或粗加工食品，比如全麥麵包、糙米或者通心粉。在你的食譜中把高糖分、精加工的早餐麥片、餅乾、蛋糕等烘烤食品——它們通常含有大量的脂肪、糖和鹽——控制到最低限度，是一件值得努力去做的事情。這些食品在市場上會被重點推薦，而各種各樣的更健康的全麥食品則從來不會得到同樣的強調。

澱粉類食物仍然被誤認為是一種脂肪類食物。這種荒誕不經的說法必須被破除，因為穀物和穀物製品的主要成分是澱粉——以克為單位進行比較的話，在提供蛋白質和礦物質的同時，澱粉提供的能量（卡路里）僅是脂肪的四分之一。相關的脂肪主要提供者，是色拉醬或者其他經常和澱粉類食品一起食用的脂肪等。

法國長麵包

麵 包
❷ ❺
黑麵包
每標準客所含的能量為78千卡
白麵包
每標準客所含的能量為85千卡
全麥麵包
每標準客所含的能量為77千卡
富含纖維、鐵和維生素

好的麵包的確是"生命的糧食"。但是,儘管存在無數相反的證據,絕大多數人還是相信麵包含有大量的脂肪。而實際上,麵包是一份健康、平衡的食譜的一個重要部分,它可以幫助減輕體重。

應該瞭解的第一件事情是複合碳水化合物和精煉碳水化合物之間的區別。精煉碳水化合物就是那些糖和精加工澱粉之類的東西,可以提供大量毫無意義的卡路里。複合碳水化合物存在於全麥類中,比如糙米飯、通心粉、燕麥、大麥和全粒小麥等。它們可以提供大量其他的營養物質,還是食用纖維的重要來源。所有這些"好的"複合碳水化合物,可以代替那些高脂肪、高糖分等每個減肥者的食品大敵,填飽你的肚子。

白麵包本身對你沒有什麼壞處,但是不吃全麥麵包是有害健康的。一天吃掉六片全麥麵包,就可以獲得一天應該攝入纖維量的一半以上,以及最少50%應該從複合碳水化合物中攝入的卡路里。全麥麵包還含有重要的維生素E(這在白麵包中並不存在)以及更多的鉀、鐵、鋅、銅、鎂、硫胺素、核黃素、泛酸、葉酸、維生素B6和維生素H。它含有的鎂是白麵包的10倍,鉻是白麵包的3倍,硒是白麵包的1.5倍。

不過,你不能依靠全麥麵包提供充足的鈣、鎂或鋅,因為它的化學植酸含量比白麵包大得多,這會影響身體對於上述特殊礦物質的吸收。

如果你的食譜中已經包含了足夠的全麥麵包,你也可以再 ▶

全麥麵包

蘇打麵包

麵包（續）

吃一些異國情調的麵包，而不必
有負疚感。如果兒童不喜歡吃全
麥麵包，可以嘗試用一片全麥麵
包和一片白麵包做成三明治。一
定要避免食用所謂的"降低澱粉"
型麵包，它比同等重量的麵包大
約多80%的卡路里。還有某些可
以烘烤的大塊白麵包額外添加了
糖，以使它們在燒烤架上能呈現
出誘人的金黃色。

其他文化的影響沒有比在麵
包製作方面更明顯的了：使用不
同的工藝，混合不同的穀物，使
用或不用酵母，添加藥草、香料
或澆頭。但是從你每天食用的麵
包中獲取最大好處的關鍵在於你
往裡面添加了什麼：厚厚一層黃
油，或者一大塊果醬，實際上弊
大於利。

➕ *對於減肥和減輕壓力有好處。*
➕ *是生理活動所需的健康卡路里*
   的有用來源。
➕ *對便秘、憩室炎和痔瘡有好*
   處。

➕ *最好食用全麥麵包——趁新鮮*
   吃或者烘烤以後吃。
➖ *你要密切注意商業生產的麵包*
   中的鹽分的含量。如果一個麵
   包的標籤上說"每100克麵包中
   含有530毫克鈉"，這實際上意
   味着每100克（3.5盎司）麵包中
   含有1.3克的鹽——超過了每天
   推薦攝入鹽分總量的四分之
   一。
➖ *患有腹部疾病的人不能吃含有*
   麩質的麵包，傳統的麵包會使
   他們的病情加重，因此必須避
   免食用。

食品應急小秘方

● 麵包膏藥是治療快要破
裂的癤子的特效藥。把幾
片麵包放在濾網上，往上
面倒開水。使用木勺攪動
麵包，做成一個潮濕的熱
麵球。然後倒在一塊乾淨
的布上，擠去多餘的水
分。晾置至合適的溫度
後，把膏藥敷在感染區
域，直至變涼。反復數幾
次，直至癤子出頭並破
裂。用消毒紗布包紮直至
皮膚癒合。

麵包常識

以下是幾種常見麵包的營養成分對比表（每100克麵包）：

麵包種類	卡路里	纖維
白麵包：帶有大量添加劑的精製麵粉。經常增添維生素和礦物質，包括鈣。	235	1.5
黑麵包：有時候帶有白麵粉的顏色，但是精製麵粉的含量較少。可能和白麵包一樣增添添加劑。	218	3.5
全麥麵包：100%使用含有全部麩糠、纖維和維生素的麵粉。每種成分的含量都很多，尤其是維生素B和E、鐵、鋅和硒。	215	5.8
薄煎餅：印度傳統麵包。	328	2.5
法式麵包：配上奶酪和意大利臘腸，非常可口，但是纖維含量低，鹽分含量高，含有大量鐵。	270	1.5
"granary" 型稞麥麵包：用麥芽粉和全麥粒製作，比黑麵包更好——小心牙齒。	235	4.3
猶太逾越節薄餅：猶太人傳統的未發酵麵包，慶祝逾越節時食用，不過現在全年都會食用。幾乎不含鹽分（在其他麵包中含量大約為5%）。	384	3.0
牛奶麵包：鈣含量很高，但是脂肪含量也很高。	296	1.9
印度烤餅（Naan）：另一種印度傳統麵包。	336	1.9
全麥加肉麵包（Pitta）：希臘傳統麵包，低鹽、纖維、鐵和鋅含量高。	265	5.2
稞麥粗麵包：德國傳統麵包，由全麥類混合製成，包括稞麥。因低鹽以及纖維成分、維生素E和鐵含量高而對身體有益。	219	7.5
稞麥麵包：另一種歐洲傳統麵包，纖維含量高，脂肪低，維生素E含量高，是鐵和鋅的優良來源。	219	4.4
蘇打麵包：蘇格蘭、威爾士和愛爾蘭偏僻地區的一種傳統的不發酵麵包。起初用蘇打中的碳酸氫鈉和酒石，在焙烘爐床上烘烤。	258	2.1

酵母
⑤
乾酵母
每100克所含的能量為169千卡
富含B族維生素和葉酸

酵母，用於烘烤和釀酒，從史前時代開始就已經是人類的朋友。但是近年來遭遇到一些惡評。其實酵母有很多種，只有一種對人類健康有害——即假絲酵母白色念珠菌（Candida albicans），它存在於腸道和口腔中，是鵝口瘡的罪魁禍首。口腔和陰道的白色念珠菌病可能是最常見的感染，次之是皮膚感染和嬰兒的肛門感染，這是嚴重的尿布疹的後果。

一般來説，在嬰兒或成年人身上發生的嚴重的假絲酵母感染，是抗生素治療的結果，經常在免疫系統遭破壞（如有愛滋病病毒HIV）的病人，還有接受化療、放射治療、長期服用某種藥物，尤其是皮質類固醇激素和口服避孕藥的人身上出現。

人們普遍接受這種觀點，減少糖分的攝入量可以幫助治療念珠菌感染，但是全身性的念珠菌病的概念——在本領域內一般被認為是一個補充醫學術語，代表一批定義模糊、多種症狀的疾病，比如慢性疲勞和多種過敏——還沒有被醫學界廣泛接受。任何人——尤其是兒童——在制訂嚴格的飲食單時，如果包括與酵母有關的任何食品，都應該被鄭重建議，去向致力於本領域工作的有執業資格的醫師諮詢。

➕ *麵包師和釀酒人用的酵母是B族維生素和葉酸的優良來源。*

➕ *對於增強神經系統和健康的新陳代謝有好處。*

➖ *極少數人會有酵母過敏症，應該避免食用含有酵母的食品。*

穀物

因它們的澱粉含量而備受讚譽

穀物，是禾本科家族中一大類
植物的種子的名稱。在全
世界範圍內生長的最重要的穀物
是大麥、玉米、小米、燕麥、大
米、稞麥和小麥。它們的營養價值
幾乎都相同，主要成分也都是澱粉。

牛奶什錦早餐

但是，所有穀物的營養成分都和它們生長的土壤
保持一致，那些生長在貧硒土壤中的穀物，
可能會導致這種重要礦物質的缺乏。

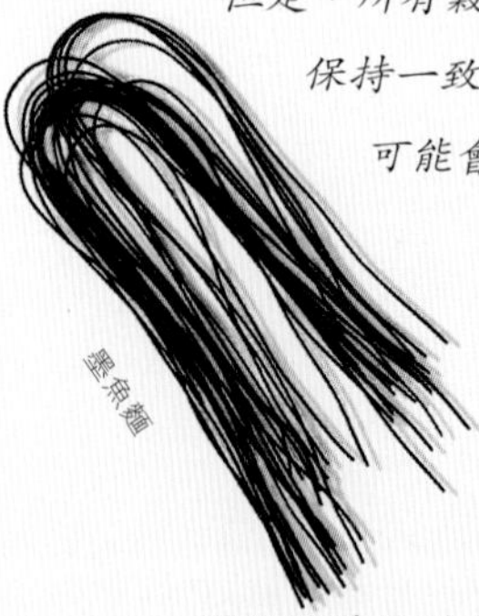

所有未經精加工的穀物，其纖維、
B族維生素和礦物質的含量都比精
加工的穀物高。除了黃玉米之
外，它們都不能提供β胡蘿蔔
素。穀物中還缺乏維生素C和B$_{12}$，
因此儘管它是許多當地居民的主食，但是如果吃的
時候不搭配其他蔬菜或者肉類蛋白，就會出現維生
素缺乏病。

蘇希麵

患有腹部疾病的人應當避免小麥麵粉、大
麥、燕麥和稞麥，所有這些都包含麩
質，會加重他們的吸收不良和病情。

西米、木薯粉和竹芋，也經常被
稱做穀物，但是它們不是種子，因此
沒有富含B族維生素的胚芽
層，蛋白質含量也很低。

小麥

大麥

① ② ④ ⑤ ⑧

每標準客所含的能量為72千卡
富含可溶性纖維和B族複合維生素

大麥的植物學名稱是大麥屬（Hordeum），它在羅馬時代作為一種能增添力量的食物被如此重視，以至於一些最偉大的角鬥士都被稱為"Hordearii"，因為大麥是他們的主食。所有的大麥都含有可溶性纖維和 β 葡聚糖，可幫助清除體內多餘的膽固醇。它們還包含一些蛋白酶抑制劑，具有一定的防癌作用。

現在是你從這些神奇的穀物中受益的機會了。在你的烹飪中大量使用大麥：作為麵粉加入你的餅乾、鬆餅和蛋糕的配方中；作為穀物粗粒加入穀物與蔬菜的混合物中；在開水中煮作為飲料或者放入湯中。它可以使牛奶更容易消化，尤其是嬰兒，和牛奶一起做布丁時更容易烘烤。

理療家傳統上使用檸檬大麥茶治療膀胱炎和其他尿道感染疾病。如果自己動手的話，可以把15克洗乾淨的去殼大麥放進裝有500毫升水的鍋中，再放入兩個洗乾淨的、切成四半的、去蠟的檸檬。讓水煮沸，蓋上，輕燉30分鐘。過濾後放在冰箱中，每天飲用幾杯。

➕ *對於尿道感染和便秘都很有幫助。*

➕ *有助於消除咽喉炎、食道炎和消化道炎。*

➕ *可以幫助降低膽固醇含量，預防癌症。*

➕ *最好食用去殼大麥（比珍珠大麥更有營養）。*

➖ *對腹部疾病患者不適合。*

超級美食

●由於大麥具有鎮痛作用，所以它是咽喉炎、食道炎、胃炎和大腸炎患者的理想食物，和其他穀物一樣，大麥富含礦物質。

由於含有鈣、鉀和大量B族複合維生素，大麥對緊張和疲乏的人非常有用，也是康復期病人的營養豐富的食品。

蕎麥
❹

每標準客所含的能量為73千卡
富含蘆丁

這種穀物也是幾個世紀以前由十字軍從亞洲帶到歐洲,或者由阿拉伯人帶到西班牙的。

雖然人們普遍認為它是一種穀物,但蕎麥事實上是種子,富含被稱做蘆丁的類黃酮葡糖苷。它可以使最細的血管——毛細血管管壁增強和富有彈性,從而使得蕎麥在凍傷或生凍瘡時非常有用。毛細血管一般而言比較脆弱易碎。理療家還推薦使用蕎麥來治療靜脈曲張。蘆丁在治療高血壓和動脈硬化方面也有很大幫助。

蕎麥麵可以做成美味可口、營養豐富的薄煎餅,在東方烹飪中被廣泛應用。但是要説真正營養豐富的美味食品,蕎麥很難敵過傳統的俄式薄煎餅(blinis),後者非常好吃,尤其是和檸檬茶一起享用時。

➕ *對於循環系統和高血壓有好處。*
➕ *最好做成薄煎餅食用。*

碎小麥
❷ ❹

每標準客所含的能量為353千卡
富含蛋白質、煙酸和鐵

在中東地區,經常使用碎小麥代替大米。製作方法是:把整粒的小麥浸泡在水裡,然後放在熱火爐中,直到爆裂。這些具有堅果一樣香味的小麥粒成為色拉的主要成分,尤其是在黎巴嫩人的"tabbouleh"配方中。

➖ *腹部疾病患者不宜食用。*

蒸粗麥粉
❷ ❹ ❾

每100克所含的能量為227千卡
富含澱粉和煙酸

這是北非最常見的一種食品,被稱為"couscous"。它們用小麥仁做成,可以用於甜點或開胃菜。

玉米

❷

麵粉
每100克所含的能量為353千卡
玉米渣
每100克所含的能量為262千卡
玉米麵
每100克所含的能量為354千卡
富含澱粉和鉀

玉米最初生長在南美洲，現在已經成為世界上一些貧窮地區的主食。糙皮病（煙酸缺乏症）曾一度在美國南部各州流行，這些地區的窮人社區均以玉米為主食，這並非很久以前的事情。糙皮病會引起發癢、皮膚發紅有鱗屑，嘴部疼痛，大腦受損，傷害神經系統，以及行走困難。

磨碎的玉米和爆米花的營養物質來自全粒玉米，而玉米渣是從磨碎的玉米中篩出來的，像白麵一樣，它喪失了很多營養成分。玉米麵來自被粉碎的玉米粒，可用來烘烤或使醬汁變得黏稠。意大利人用玉米製作玉米糊，墨西哥人則用它來製作玉米粉圓餅。

✚ *由於它不含麩糠，所以對於腹部疾病有好處。*
✚ *最好做成麥片粥一樣的食品，比如玉米糊，或者烘烤。*

小米

❷ ❸

每100克所含的能量為282千卡
富含蛋白質和硅

小米由於不含麩糠，所以是另一種適合腹部疾病患者的穀物。它受到理療家的高度讚譽，美國理療家帕沃·艾勞拉（Paavo Airola）認為它是"世界上最富有營養的穀物——一種真正傑出的完善的食品，高蛋白和低澱粉——非常容易吸收，不會在胃部引起脹氣和發酵"。

小米富含硅，它對於頭髮、皮膚、牙齒、眼睛和指甲的健康非常重要。缺乏這種礦物質會導致身體關節組織鬆懈。而且由於小米從來不會被高度精加工，所以能夠保留全部重要的營養素。最為人熟知的小米類作物是高粱。這種在英國和美國被普遍忽視的作物，雖然受到"食品改革家"的歡迎，但仍應被更為廣泛地應用。

✚ *由於不含麩糠，對患有腹部疾病的人有好處。*
✚ *對皮膚、頭髮、指甲、牙齒和眼睛有好處。*
✚ *最好拌色拉，做湯和燉菜的增稠劑，或者做麵包。*

燕麥
④

每100克所含的能量為401千卡
富含鈣、鉀和鎂

燕麥在傳統的草藥療法中佔有重要地位：用燕麥製成的牛乳酒和酒湯（一種含有葡萄酒或淡啤酒的微熱飲品，混有糖、雞蛋、麵包和各種香料）很久以來都是標準藥方。燕麥富含各種營養物質，每100克燕麥中含有12克多蛋白質、複合不飽和脂肪酸、一點維生素E和大量B族複合維生素。它的鈣、鉀和鎂的含量也很高。

位於肯德基州退伍軍人管理局醫院的詹姆斯·安德森醫生（Dr. James Anderson）宣稱，每天服用一劑燕麥麩糠的病人的膽固醇水平有所下降。一項關於燕麥中可溶性纖維的益處的研究，最終說服了美國食品與藥物管理局（FDA）史無前例地批准了他們的食品特效藥健康報告。

➕ 對降低血液膽固醇的指數有幫助。
➕ 食用時最好做成燕麥粥、燕麥麩，或進行烘烤。
➖ 不適合腹部疾病患者。

稞麥
③ ⑤

每100克所含的能量為379千卡
富含纖維、B族維生素和鋅

稞麥的營養價值和小麥幾乎完全相同，但是有兩點例外。它含有大量纖維，幾乎不含麩糠，因此稞麥麵包一般不會膨脹太多，而且看起來比小麥麵包更重。但是對於那些沒有腹部疾病又不喜歡麩糠的人來說，稞麥麵包更容易被接受。稞麥可以在寒冷氣候下生長，因此在斯堪的納維亞、俄羅斯和德國北部種植非常普遍。

絕大多數稞麥麵包都是用稞麥和小麥混合製成的，但是稞麥粗麵包和黑麵包應當完全使用稞麥製作。如果你有麩糠問題，要仔細檢查標籤——稞麥麵包經常會用焦糖上色，使其看起來更黑，因此你不能僅憑色澤來判斷。

➕ 可能會被那些對麩糠有反應的人士接受。
➕ 最好做成麵包或薄脆餅乾食用。
➖ 不適合患有腹部疾病的人。

粗麵粉
②③④⑨
每標準客所含的能量為70千卡
富含澱粉和蛋白質

粗麵粉是被篩取分離出來的小麥胚芽粗粒。在印度和中東地區，它習慣被用來做味美可口的甜點，經常加入玫瑰水或其他芳香萃取物。在意大利，它是美食意大利湯團的基本成分，意大利湯團通常用牛奶、粗麵粉、雞蛋、巴爾馬乾酪和肉豆蔻做成——是各種重要營養素的豐富而美味的組合。在美國，粗麵粉是一種大受歡迎的熱早餐麥片。

➕ 容易吸收，因此對康復期病人有好處。
➕ 最好做成甜點，熱早餐麥片或意大利湯團。
➖ 不適合患有腹部疾病的人。

小麥
②⑤
每100克所含的能量為386千卡
富含B族複合維生素和維生素E

這種穀物是西方食譜中一種非常重要的主食——絕大多數小麥最終是磨成麵粉做成麵包。雖然精製麵粉中會重新加入一些在加工過程中損失掉的營養物質，但是鋅、鎂、維生素B₆、維生素E和纖維都是不可替代的。在磨成白麵的過程中留下來的小麥胚芽是B族複合維生素和維生素E的豐富源泉。它富含不飽和脂肪酸，是優秀的食物補品。發芽的小麥也富含各種營養物質。

已經有好幾個世紀歷史的英國食品——牛奶麥粥——把完整的麥粒放在爐火的灰燼中整夜烘烤，使之爆裂，然後加入黏稠的果凍中——這是幾百萬農場勞動者在過去歲月中的美味佳餚。

➕ 對於病人和康復期病人都有好處。
➕ 最好烘烤，或者做成通心粉；也可以把小麥胚芽加入到穀物中。
➖ 不適合患有腹部疾病的人。

玉米片

牛奶什錦早餐

麩糠片

早餐麥片
❷ ❹ ❽

玉米片
每標準客所含的能量為108千卡
牛奶什錦早餐
每標準客所含的能量為184千卡
麥片粥
每標準客所含的能量為133千卡
富含可溶性和不可溶性纖維及B族維生素

你可能會認為這些早餐食品是20世紀以來的產物，但是考古學家已經發現了古希臘人食用燕麥的證據。

在美國，早餐麥片的歷史不可避免地與著名的健康學先驅約翰·克勞格醫生（Dr. John Kellogg）和他位於密歇根的克裡克戰爭療養院聯繫在一起。他最著名的是1899年設計發明了玉米片，還於1860年代負責設計了格蘭諾拉麥片（granola）。此外還有小麥片（Shredded Wheat）、瑞士維他麥片（Weetabix，實際上是在英國設計的唯一一種穀物），這些天然穀物的不同加工品種，都被看作"健康食品"，加入牛奶以後，可以為每天提供一個高營養的開端。不過絕大多數現代商業早餐麥片，含有大量的添加糖分，有時是鹽分。那些針對兒童市場的產品，從營養學的角度來看尤其糟糕，

有些產品重量的50%是糖。

當著名的瑞士物理學家和自然健康運動的先驅馬克斯·伯奇本納醫生（Dr. Max Bircher-Benner）在瑞士山區分享牧羊人的晚餐——一種在鄉下農民中間很常見的麥片粥一樣的食品，他發現，和這些貨真價實的食品相比，那些商業化的牛奶什錦早餐的主要成分都是些相形見絀的營養低劣的貨色。

➕ *全麥食品是複合碳水化合物，可以連續幾個小時提供緩慢釋放的能量。*

➕ *燕麥是可以很好地提高情緒的神奇食品之一，它對於促進腸胃功能和消除體內的膽固醇大有好處。*

➕ *最好趁新鮮食用，可以加入牛奶，但是不要加入糖。*

➖ *許多商業化產品糖分、鹽含量高。*

麩糠

❷ ❹

燕麥麩糠
每100克所含的能量為385千卡
小麥麩糠
每100克所含的能量為206千卡
富含纖維

小麥麩糠是麥粒的外表皮，食用纖維含量非常豐富。燕麥麩糠的食用纖維含量甚至比小麥麩糠更為豐富。它可以幫助降低膽固醇，刺激作用比不可溶性纖維更少。兩大湯匙就可以提供一天所需的纖維量18克。

攝入足夠的纖維對於大腸（結腸）功能的正常化非常重要，這一點現在已經毫無疑義。纖維攝入量過低，和便秘以及由此產生的靜脈曲張、痔瘡也有着直接的關係。可溶性纖維具有雙重功效。第一，它是像 "細糧" 一樣發揮作用，而不是 "粗糧"，從而可以加快消化過程和防止便秘。第二，在消化過程中，它可以和膽固醇相結合，並把它排出體外，這是大腸功能的一部分。

不過，食用全麥麵包還是比食用麩糠更健康（4片麵包等於1大湯匙麩糠）。

➕ 有助於降低血液膽固醇的指數，可以幫助消化和防止便秘。

➕ 燕麥麩糠對糖尿病患者有好處。

➕ 最好作為熟食的一部分食用，比如全麥麵包、麥片粥或牛奶什錦早餐。

➖ 過量食用生小麥麩糠會影響礦物質的吸收，導致腸胃氣脹和過敏性結腸綜合症。

食品應急小秘方

● 麩糠是治療皮膚疾病的良藥。治療濕疹和牛皮癬的時候，把4-5大湯匙麩糠放在手絹大小的四方細紗布或細棉布上。把四個角兜起來，撐在一起，用小繩繫緊。把這包麩糠浸泡在溫水中，像使用海綿一樣用這個麩糠包來清洗皮膚的受感染區域。此外還可以在往浴缸放水時把它掛在水龍頭的水流下，使有益成分都溶解在洗澡水中。

尖嘴通心粉

蝴蝶麵

通心粉
②
白通心粉
每標準客所含的能量為239千卡
全麥通心粉
每標準客所含的能量為226千卡
富含複合碳水化合物

通心粉在歐洲的歷史可以追溯到馬可波羅（Marco Polo），據説他在中國見到人們食用這種食品，並在1295年把它帶回祖國意大利。這種説法引起了意大利美食家們的熱烈爭論，他們堅持認為這種民族食品早在馬可波羅之前就已經開始在意大利食用。無論真相如何，通心粉，與曬乾的水果蔬菜、醃製、燻製或風乾的魚肉一起，都是真正方便的食品。一旦做成晾乾，它就可以保存數月，吃的時候只需花費幾分鐘，僅僅放在水中煮一下就行了。

雖然通心粉的種類多種多樣，但最基本的只有兩種——一種用水和麵粉製成，另一種用雞蛋製成——它們彼此區別很大。傳統的意大利通心粉除了水和麵粉之外什麼都不需要。不過它所使用的麵粉，必須是硬質小麥的麵粉，這一點非常重要。意大利熟知的粗麵粉中麩糠的含量高，是唯一一種適合做最好的意粉和所有其他優秀通心粉的麵粉。

雞蛋通心粉是一種你可以在家中自己動手做的通心粉，越來越多的人則到本地的熟食店和超市去購買。它使用更柔軟的小麥麵粉製成，麩糠含量低，每一位意大利主婦都很熟悉它，把它稱做"pasta all'uovo"。在一些地區，尤其是在偏遠的阿普利亞區的南部地區，通常會加入一些橄欖油和一小撮鹽。

雖然人們消耗的絕大多數通心粉都是傳統的使用硬質小麥製作的乾燥通心粉，但是現在全麥通心粉更為常見，而且比早期的通心粉更輕、更可口。對於那些患有腹部疾病和其他對麩糠過敏的人來説，可以從專門醫師的商店中購買到大米麵做的通心粉。市場上還可以見到一些添加烏賊墨、番茄和菠菜製成的各種顏色和口味的通心粉。

通心粉是複合碳水化合物的優良來源，它們可以提供穩定 ▶

黑魚麵

意粉

通心粉（續）

持久、緩慢釋放的能量。雖然全麥通心粉中的纖維、礦物質和B族維生素含量更為豐富，但是白通心粉和全麥通心粉都是健康食品。認為通心粉會使人肥胖的想法是20世紀最根深蒂固的食品謬論之一——使人肥胖的是人們往通心粉裡添加的那些東西。傳統的"aglio e olio"（加入大蒜和橄欖油的意粉）、"alle erbe"意粉（超級天然橄欖油、大蒜、歐芹、迷迭香、百里香和羅勒的簡單混合物），或者加入吞拿魚和青蔥的通心粉，都是不錯的美味：令人滿意，味道鮮美，還可以款待注意體重的人。

隨着時間和想像，你很快就會成為一名可以在幾分鐘之內把飯做好的烹飪老手。從中國麵條到富有異國情調的海味通心粉，你都可以攝入大量碳水化合物，從而獲得良好的營養，提高情緒。

✚ 有助於提供能量，尤其是對運動員。
✚ 對康後期病人有幫助。
✚ 有助於減肥。
✚ 食用時最好煮至咬起來稍微有些硬，並佐以簡單的調味醬。

傳統的意大利通心粉

長條通心粉： 所有的意粉、意大利式特細麵條、天使頭髮、意大利扁麵條、螺旋通心粉等等。

寬帶狀通心粉： 意大利乾麵條、寬麵、小寬麵等等。

管狀通心粉： 所有的尖管狀、筆直管狀和波紋貝殼狀通心粉。

通心粉形狀： 蝴蝶結狀、貝殼狀、小耳朵狀、小舌狀和螺旋狀通心粉等等。

填料通心粉： 意大利小方餃、意大利水餃、餃型細條通心粉、短粗麵、烤寬麵條等等。

秈糙米

糙米

大米

❷ ❹

糙米
每標準客所含的能量為212千卡
白米
每標準客所含的能量為248千卡
富含蛋白質

許多世紀以來，大米就已經是東方人的主食，能提供最基本的優良營養物質。它脂肪含量很低，能提供蛋白質和絕大多數B族維生素，但是不含維生素A、C或B_{12}。傳統上人們一直食用糙米，在它的胚芽和外表皮中包含了幾乎所有的營養物質，但是隨着現代碾磨工藝的來臨和白米的生產，絕大多數B族維生素（尤其是維生素B_6）流失了。在碾磨前把大米加熱至半熟可以使部分維生素進入到米粒內部，從而使維生素B_6的流失從80%降到40%。

簡單煮熟的糙米是一個常見的治療腹瀉的民間藥方，煮過糙米的水也是如此。煮過的大米與蘋果泥混合，被某些歐洲醫生推薦用來幫助降低血壓。

大米的兩個主要品種是秈米和粳米。秈米的長度大約是寬度的5倍，而秈米差不多是圓形的。

美國秈米可以用於絕大多數食品，最好用熱水法煮（見下頁）。糙米大約需要30分鐘，白米需要15-20分鐘。

"Arborio"米是意大利的一個品種，用來製作意大利調味飯。它的粳米在煮的時候會凝結在一起，並且越來越糯爛，最終成為具有明顯堅果味道的爽滑的乳脂狀的粥。製作好的意大利調味飯沒有什麼快捷的方式——你需要一直站在鍋前，一點點往裡加水並不停地攪拌。這樣做是值得的。

"Basmati"香米是印度烹飪中一種著名的秈米。它帶有獨特的淡淡的清香，在煮的過程中，米粒是粒粒分明的，因此用它做肉飯和色拉比較理想。最好用吸收法煮，印度香米需要煮15-20分鐘。

容易煮熟的大米已經經過預先處理，可以縮短燒煮的時間，▶

白秈米

印度香米

粳米

大米（續）

而且被設計為可以用吸收法燒煮。

日本粳米是一種有光澤、有黏性的大米，在每一家日本餐館一頓飯的最後都會端上來，或者用來製作壽司中必不可少的醋飯。

短米（Pudding rice）是另一種粳米，在燒煮過程中會變得更短。白米飯需要20分鐘煮熟，糙米飯大約需要40分鐘。傳統的爐火烘烤短米大約需要一個半小時。

泰國香米帶有茉莉的香氣，在歐洲飲食中和在泰國飲食中一樣重要和受歡迎。它是另一種粳米，最好用吸收法燒煮。

✚ 由於不含麩糠，所以適合那些患有腹部疾病的人。

✚ 有助於治療腹瀉。

✚ 最好燒煮到稍微有些發硬，然後趁熱吃或者放涼後吃。

煮飯

熱水法：等大號燉鍋中已加入少許鹽的水煮沸後，放入大米。大量的水和大號的鍋使得米粒可以自由翻滾，不會凝結成一塊。慢燉直至大米煮熟。然後倒在篩子上並用沸水沖洗。

吸收法：只加入特定分量的水，等到米飯煮熟時所有的水分就都被大米吸收了。把一份大米和兩份半水放入燉鍋中，然後放入一小撮鹽，等到水開沸後，快速攪拌，然後蓋上鍋蓋慢燉15分鐘。之後再靜置15分鐘，在吃之前用叉子把米飯打散即可。

菰米
⑤ ⑨

每標準客所含的能量為248千卡
富含蛋白質、B族維生素和礦物質

其實這根本不是大米，而是一種淡水水生植物茭白的種子，原產於北美五大湖一帶，可以在美國東北部和加拿大東部的狹長湖泊和河道中找到。一千多年以來，菰米都是由美國土著居民收穫，他們把富有彈性的草莖拉彎到獨木舟上，輕輕拍打，米粒就落入獨木舟中，而植物不會受到傷害，可以使剩下的更多的種子成熟。

菰米含大量的重要礦物質，包括鋅。它黑色的長米粒有一種堅果的香味，比普通大米更耐嚼。菰米價格很貴，但是一般和糙米混合食用。由於它煮熟所需的時間比較長，所以可以比糙米提前10分鐘先放入沸水中，然後像平常一樣燒煮。

➕ *對於緊張煩躁有好處。*
➕ *對於月經問題有好處。*
➕ *最好用於色拉中，與印度香米混合食用，或者與糙米混合食用。*

超級美食

●菰米是一種令人難以置信的營養物質儲藏室，蛋白質含量甚至比燕麥和糙米都要高。它的B族維生素含量超過了其他絕大多數穀物，營養價值很高的亞麻酸含量也很豐富。

乳製品和蛋類

乳類、乳製品和蛋類是最普遍、最方便食用的食品，是我們每天所需營養物質的優良供應者。乳類和乳製品的鈣含量最高，也富含蛋白質、核黃素（維生素B_2）、維生素B_{12}和維生素A（視黃醇——低脂產品中的含量會少一些）。蛋類含有物美價廉的高質量蛋白質，也是維生素A、B_{12}和鋅的優良來源。

雞蛋

當我們聽到關於這些食品的一些令人驚恐擔心的消息時，上面的這段話值得記住。這些令人擔心的消息包括從生產加工過程到脂肪成分和食物不耐症相關問題等各個方面。但是市場上乳製品的多樣性、蛋類的多功能性以及生產過程越來越嚴格的控制，都足以鼓勵我們繼續食用這些食品。

許多人盡量避免食用乳製品和蛋類，因為它們含有脂肪成分——乳類和乳製品中含有飽和脂肪，蛋類中含有膽固醇，但是在這樣做之前一定要認真考慮你的整體食譜。要記住終生攝入足夠的鈣的重要性，這樣可以幫助預防骨質疏鬆症，而事實是，乳類和乳製品中的鈣是最容易吸收的。如果不得不把

山羊奶乾酪

它們從食譜中去掉，那麼就必須大量食用其他含鈣的食物作為替代。蛋類中的膽固醇對血液膽固醇影響極小，後者實際上是身體從其他食物中所含的飽和脂肪中製造的。

對於小孩子，尤其是胃口較弱的小孩子，全脂奶是能量以及其他重要營養物質的優良供應者。因此5歲以前的孩子的食譜中不應包含低脂奶及奶製品。

乳製品和蛋類的消費並不是全球性的，有些人種由於宗教或哲學的原因，或者由於已知的食品不耐症，避免或嚴格限制食用一部分或者全部這類食品。但是，在另外一些社區中，蛋類、乳類和乳製品（通常由綿羊、山羊或水牛的奶製成）是蛋白質、維生素D和鈣的重要來源，在他們的食譜中，這些營養物質可能反倒是邊緣性的。

帶水果的酸奶

鮮奶

乳類和奶油

❻ ❾

全脂奶
每標準客所含的能量為386千卡
半脫脂奶
每標準客所含的能量為269千卡
脫脂奶
每標準客所含的能量為193千卡
富含蛋白質、鈣、鋅和核黃素

從營養角度來講，乳類是許多營養物質的重要來源。它物美價廉，食用方便，富含鈣、蛋白質、鋅和核黃素（維生素B2）。對於老年人、胃口差的人、成長發育期的兒童、孕婦或者整日奔跑燃燒大量營養物質的運動員來說，乳類扮演著重要的角色——600毫升（1品脫）可以提供孕婦和哺乳期女性所需的鈣和維生素B2的一半以上，並且大大超過其他人所需的量。它還含有超過一天所需劑量的維生素B12。同樣數量的乳類還可以提供每人所需蛋白質的大約三分之一，所需全部能量的大約15%。

不幸的是，這種非常奇妙的食品也有一些缺點。理療家們一直相信，正是牛奶引發了嬰兒濕疹和黏膜炎，以及兒童成人都會發作的黏液過多和胸部過度發育。位於漢普斯特德（Hampstead）的英國理療學與正骨學學院的研究表明，哺乳期的母親如果飲用大量牛奶，嬰兒就更容易發生濕疹和慢性黏膜炎等感染——同時也更容易出現腹痛。

成年人對於和乳類相關的疾病也沒有免疫力，全世界有一些人口，尤其是在印度、日本和中國，他們缺乏消化乳類的能力。這是由於他們缺乏一種普通的消化酶——乳糖分解酵素，這對於分解和消化乳類中的糖分——乳糖非常重要。

但是在決定讓任何人，尤其是兒童和女性放棄全部乳製品之前，應該首先向專家尋求建議，確保不會引起缺鈣。

乳類的缺點之一是它的高脂肪含量，因此選擇半脫脂奶和脫脂奶會更好一些，雖然它們的 ▶

158

奶油　　　　　　　　　　　　　　　　山羊奶

乳類和奶油（續）

維生素A、D和E的含量比全脂製品少一些。但是正因為如此，同時還因為脫脂奶中的卡路里這種重要物質也有所減少，所以這些脂肪降低的乳類不應該給五歲以下的兒童食用。

不過即便如此，你也未必能保證自己可以獲得乳類的全部營養物質。巴斯德殺菌法使維生素含量損失25%，甚至在你把乳類從商場買回家的過程中，剩餘部分的維生素C還會進一步受到損失。

核黃素（維生素B$_2$）對紫外線非常敏感，如果你的鮮奶在灑滿陽光的門階上擱置兩個小時，核黃素就會損失一半。熒光也會破壞核黃素，因此放在商場的保存在瓶中的鮮奶，也會發生營養流失。不過如果鮮奶保存在紙盒中，這種情況似乎就不會發生。核黃素被破壞之後，殘餘的化學物質會破壞掉絕大多數維生素C。當維生素C全部流失以後，把鮮奶煮沸也會使其包含的葉酸全部被破壞。

對於那些對牛奶過敏的人來說，山羊奶經常是容易接受的替代品。但是一定要注意，由於山羊奶的葉酸含量少，煮沸後又會流失更多，可能會導致嬰兒貧血。但是任何乳類的營養價值都與飼養奶牛或山羊的飼料息息相關，因此，無論何時都盡可能購買有機乳類。

奶油可能非常可口，但是它充滿卡路里，絕大多數來自脂肪。偶爾嚐嚐鮮非常不錯，值得記住的一點是，攪拌起泡沫的奶油中絕大部分是空氣，脂肪含量遠遠低於二次分離的鮮奶油。注意有節制地使用奶油，並津津有味地享受它。

➕ 對於成長發育、增強骨骼和康復期病人有好處。

➕ 最好從冰箱中取出後就直接飲用，或者按食譜要求使用。

➖ 患有風濕性關節炎、濕疹、黏膜炎、竇炎的患者和一部分哮喘患者經常會發現他們的症狀因為飲用牛奶而加重。

天然酸奶

酸奶

❶ ❷ ❻ ❽ ❾

低脂原味酸奶
每標準客所含的能量為84千卡
有機酸奶
每標準客所含的能量為84千卡
富含鈣和益生素

各式各樣的酸奶在史前時期就已經開始製作了。它是鈣的良好來源——一盒150克的酸奶可以提供210毫克的鈣——超過每日所需最低攝入量的四分之一強；對於那些關注體重的人來說，低脂酸奶的鈣含量甚至更高，每盒為285毫克。酸奶還包含一些維生素D，這對於促進鈣的吸收具有重要作用。

許多健康問題都開始於腸內，當有益細菌和有害細菌之間的平衡被打破並向有害的方向傾斜時，問題就出現了。絕大多數商業生產的酸奶都使用經巴斯德殺菌法處理過的乳類做原料，加入大量有益細菌的培植物，比如嗜酸乳酸菌或乳桿菌、雙歧桿菌或嗜熱鏈球菌。但是許多酸奶產品，尤其是那些出售周期長的產品，加工以後再進行巴斯德殺菌法處理，因此幾乎不含任何賦予酸奶獨特品質的活性或有益的有機物。它們含有大量化學物質、穩定劑、乳化劑、人造食用香料、色素、防腐劑，以及大量糖或人工糖精（不過甚至某些更為健康的活性酸奶也含有一部分這些化學物質）。

活性酸奶含有促進健康的細菌，他們可以保持腸內細菌的平衡。這些培養出來的細菌通過幾種途徑發揮作用。它們合成某些B族維生素、維生素H、葉酸和維生素B_{12}；增加鈣和鎂的攝入量，調節大腸功能。它們存在於腸中，可以防止致病細菌的繁殖。甚至那些不能消化乳類的人也能正常應付酸奶，因此如果你正遵照醫囑服用抗生素，一定要每天喝一盒酸奶。抗生素會殺死所有的病菌——不管有益的還是有害的——但是酸奶可以替代你的身體所需要的那些細菌，幫助防止因為殺死腸內細菌而引起的腹瀉。▶

水果酸奶

帶水果的酸奶

酸奶（續）

　　許多女性長期忍受慢性鵝口瘡和膀胱炎的折磨，她們可以證實每天以活性酸奶為主要飲食的好處。它不僅可以幫助患者緩解鵝口瘡和膀胱炎的症狀，還可以作為一種重要的預防措施長期使用。

　　現在，有一項重要的科學證據正處於緩慢出現、但持續發展的過程中，它認為令人吃驚的小小的酸奶細菌還擔當着另外一個重要的保護角色。獸醫科學家們已經發現，這些"益生素"實際上可以製造能夠通過腸壁直接吸收的酶，並且增強身體免疫保護結構的正常運動。近來，日本的研究也宣稱，所有這些"益生素"細菌可以預防胃癌。

✚ 對治療腹瀉（由於服用抗生素而引起的）、預防和治療骨質疏鬆症、絕大多數的一般的消化系統問題、人體的免疫系統問題，以及鵝口瘡和膀胱炎等都有好處。

✚ 最好定時飲用低脂酸奶（但是不要給五歲以下的兒童食用），最好未經巴斯德殺菌法處理，不加糖，如果需要可以添加水果泥。

食品應急小秘方

● 可以用活性酸奶進行一次有效的面部清洗。在一盒酸奶中加入兩大匙粗海鹽，攪拌均勻，然後塗抹按摩整個面部。保留15分鐘，然後用大量冷水清洗乾淨。

● 對於鵝口瘡和膀胱炎，可以每天晚上在患處塗抹少量天然活性酸奶。如果有必要甚至可以往陰道內部放置幾匙。使用帶有插入器的月經棉條更容易操作。

切達乾酪

乾酪
❶ ❸ ❺ ❻ ❾

法國布里乾酪
每標準客所含的能量為128千卡
英國切達乾酪（Cheddar）
每標準客所含的能量為165千卡
松軟乾酪
每標準客所含的能量為87千卡
富含蛋白質、鈣和維生素B_{12}

優質乾酪、美味麵包和一杯上等紅酒的絕妙組合，對於心智、肉體和精神而言，都是極大的享受。不幸的是，它也有一些缺點，絕大多數乾酪的飽和脂肪含量都很高，已知這種脂肪可以在動脈和心臟中引起膽固醇沉澱。但是更令我傷心的是，由於西方國家經過加工的食品中脂肪含量越來越高，結果導致注重健康的人們對於乳製品產生了成見。作為健康平衡飲食的一部分，乾酪作出了巨大而重要的貢獻，因此應該允許自己盡情享用神奇的優質乾酪。

製作乾酪肯定是一門最古老的食品製作工藝之一。在西元前3,000的時候，蘇美爾人就已經會製作20多種不同的乾酪，極有可能在西元前10,000年左右第一批綿羊和山羊被馴服時，最早的放牧者們就已經開始在自己的羊群中製作軟乾酪。又過了3,000多年，人們馴服了牛，然後才開始利用牛奶製作乾酪。

古希臘人和古羅馬人都發展了複雜的乾酪工藝，但是絕大多數都在中世紀黑暗時代失傳了，只有一部分在與世隔絕的山地居民、修道士和僧侶中幸存下來。今天，令人高興的是，雖然英國還沒有像法國的300多種乾酪那樣採用嚴格的"起源地控制"名稱，但人們對農場生產的地域性乾酪的興趣極大地復興，少數生產者用牛奶、綿羊奶和山羊奶製作精美的上等乾酪。但是英國人每年消費的乾酪總量平均只有8.1公斤（18磅），而澳大利亞的平均值是9.2公斤（20.25磅），加拿大是15.3公斤（33.75磅），荷蘭是14.8公斤（32.5磅），法國——▶

法國布里乾酪

山羊奶乾酪

乾酪（續）

心臟病發病率遠遠低於英國——是22.3公斤（49磅）。

我越來越擔心那些人，尤其是年輕女性，他們把低脂肪食譜理解為無脂肪食譜，為了追求苗條，經常把絕大多數乳製品都從自己日常的飲食單中剔除出去。但是，作為鈣（形成構建強壯的骨骼）、基本蛋白質、維生素D（幫助吸收鈣）、精選的B族維生素（作用於中樞神經系統）、維生素A（可以預防癌症、促進皮膚健康）以及大量基本礦物質的重要來源，沒有什麼東西能夠敵得過一點優質乾酪。

乾酪的營養價值有許多種，但是最值得記住的是，每100克切達乾酪能提供一天所需的全部鈣、一天所需蛋白質的一半，還有將近一半的鋅、一半的維生素A、五分之一的硒、四分之一的吲哚、四分之三的維生素B12，以及一名女性每天所需葉酸的五分之一。

一般來說，乾酪越硬，脂肪含量越高——奶油乾酪除外，它的脂肪含量最高。斯蒂爾頓乾酪、切達乾酪、藍紋乾酪、巴爾馬乾酪脂肪含量都很高，但是卡門培爾乾酪、法國布里乾酪、伊頓乾酪、羊奶乾酪的脂肪含量就相對較少。現在有許多用脫脂奶製作的"低脂"乾酪，每100克大約含有15克脂肪。每100克松軟乾酪中大概含有4克脂肪，凝乳乾酪中含有11克。許多經過加工的乾酪——它們很難從任何地方獲得命名——脂肪含量都很高，儘管它們的鈣和蛋白質含量也很高。▶

超級美食

● 乾酪是鋅的重要來源，鋅對於正常男性性功能非常重要；雖然含量不是很高，但是鋅仍是一種容易吸收的可利用生物形式——絕大多數乾酪每100克（3.5盎司）就能提供一名男性每日所需的鋅的四分之一強。

斯第爾頓奶酪

莫澤雷勒乾酪

乾酪（續）

- ➕ 有助於促進人體的骨骼強壯，而且還可以預防和治療骨質疏鬆症。
- ➕ 是蛋白質的優良來源，尤其是素食主義者。
- ➕ 適合於有成見的人、孕婦和哺乳期女性（但在懷孕期間不要食用未經巴斯德殺菌法處理的乾酪）。
- ➕ 有益於男性性功能。
- ➕ 最好趁新鮮吃，和全麥麵包搭配。
- ➕ 既然乾酪中鹽含量會很高，也可以搭配不含鹽的猶太逾越節薄餅。
- ➕ 與最新鮮的水果是很好的搭配。
- ➕ 食用時可以加在醬汁中或者用作澆頭。
- ➖ 使用未經巴斯德殺菌法處理的乳類製作的乾酪，有可能會被細菌污染，尤其是沙門氏菌和李斯特氏桿菌，任何免疫系統受損的人、孕婦、慢性疾病患者以及老人都應當避免食用這種乾酪。
- ➖ 乾酪中含有一種叫做酪胺的化學物質，可能會引發偏頭痛；山羊奶和綿羊奶製作的軟乾酪、鬆軟乾酪和奶油乾酪，一般比較好。
- ➖ 任何服用單胺氧化酶抑止劑（MAOI）的人都應避免食用乾酪，尤其是很成形的硬乾酪，因為它能使血壓顯著升高。

山羊奶和綿羊奶製作的乾酪

- ● 任何一種奶都可以製作乾酪，但是山羊奶和綿羊奶是乾酪製作者最早的原料。絕大多數山羊乾酪要趁未成熟、嫩軟時食用，其風味獨特。因為一旦成熟，乾酪就會變得有點硬，慢慢產生出一股強烈刺鼻的味道。

- ● 綿羊奶通常可以製作出味道清淡可口的乾酪，但是成熟後會變得質地堅硬。"Spanish Manchega"是一個例外的品種——質地堅硬，味道濃郁，但仍比較清淡。法國的洛克福乾酪、意大利的佩科里諾乾酪和希臘的羊奶乾酪，都是味道強烈的綿羊奶乾酪。綿羊奶乾酪和山羊奶乾酪的脂肪和乳糖含量都很低。不能忍受牛奶乾酪的人會發現它們是不錯的替代品。

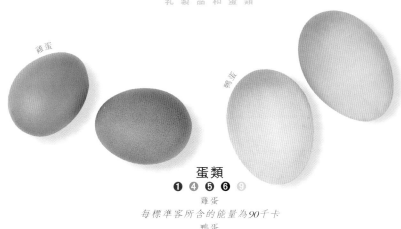

雞蛋

鴨蛋

蛋類
❶ ❹ ❺ ❻ ❾

雞蛋
每標準客所含的能量為90千卡
鴨蛋
每標準客所含的能量為122千卡
鵪鶉蛋
每標準客所含的能量為75千卡
富含蛋白質和維生素B₁₂

令人傷心的是，正是對膽固醇的偏見，尤其是在美國，才導致樸實無華的蛋類在心臟疾病的故事中被打上了反面角色的屈辱烙印。由於對飲食中的膽固醇和血液中的膽固醇之間的區別缺乏瞭解，所以才會產生這種混淆。毫無疑問，血液膽固醇——主要是身體中由於大量攝入飽和動物脂肪形成的升高，會增加冠心病的風險。但是蛋類和水生貝殼類動物（見第134頁）等食品中的膽固醇，不會增加血液循環中的膽固醇，根本不用擔心這一點，除非是那些膽固醇含量極高的人，或者那些因患有某種遺傳疾病而導致他們體內產生大量膽固醇的人。

英國和美國的專家建議，每周食用的蛋類不要超過3-4個，世界衛生組織提倡吃10個（包括那些用於烹飪中的蛋類）。蛋類是令人驚異的蛋白質來源，儘管重要的是食品中蛋白質的質量，而不是數量。營養學家們使用短語NPU（Net Protein Utilization, 蛋白質有效利用率）來表示不同蛋白質來源的生物學有效性。例如，小扁豆的NPU是30，大豆是63，乾酪是70——而蛋類則高達94，僅僅兩個煮熟的雞蛋就可以提供女性一天所需蛋白質的四分之一強和男性一天所需蛋白質的五分之一強。蛋類還是鋅、維生素A、D、E和B，尤其是B₁₂的重要來源。這種維生素在素食主義者的食譜中經常欠缺，但是兩個蛋，尤其是自由放養的雞所生的蛋，就可以提供超過一天所需的這種重要營養物質。

蛋黃中的重要成分之一是卵磷脂，作為身體中許多新陳代 ▶

鵪鶉蛋

蛋類（續）

謝過程——包括清除危險的脂肪沉澱和膽固醇的一個部分，它非常重要。卵磷脂可以防止心臟疾病的發展和膽結石的形成，加快體內脂肪轉化為能量。它還使得蛋類成為重要的補腦食品，不僅有助於提高記憶力和注意力，還能使身體和情緒狀態保持平衡。

　　不管你選擇的是雞蛋、鴨蛋、鵪鶉蛋、海鷗蛋，還是鵝蛋，它們的營養成分都是一樣的。一個例外是工廠飼養的箱組中的母雞，它們的蛋的維生素B₁₂含量很少，但是含有這些可憐的動物們賴以為生的人工飼料中的所有添加劑。食用密集飼養的母雞感染沙門氏菌的風險也很高，除非你能確保這些母雞是自由放養的，否則蛋類必須徹底烹調後才能食用。

✚ 適合於風濕性關節炎和骨質疏鬆症患者。
✚ 有助於保護心臟和預防癌症，預防貧血。
✚ 對男性性功能有好處。
✚ 最好煮熟後食用或者做荷包蛋，避免增加脂肪。

➋ 蛋類是一種常見的過敏源，在嬰兒的食譜中過早地加入蛋類會有一定的風險。某些兒童的哮喘的發作可能也是由蛋類引起的。

➋ 當心沙門氏菌：孕婦、嬰兒和兒童，老人以及免疫系統受損的人，都應特別注意，只吃煮熟的蛋類和荷包蛋，或者蛋黃煎硬的油煎蛋。

食品應急小秘方

● 蛋類是物美價廉的天然美容產品。如果頭髮枯乾，可以把一個蛋和一杯啤酒攪拌在一起，用洗髮水洗淨頭髮後，塗抹在頭髮上，可以使頭髮美麗整齊，柔潤有光澤。

● 如果是油性皮膚，可以把一個蛋的蛋清和半個檸檬榨的汁攪拌在一起，塗在臉上5分鐘（避免塗在眼部周圍的皮膚上），這是效果奇佳的收斂性面膜。

藥草、香料、醋和脂肪

藥草、香料和調味品的使用和人類文明一樣古老——實際上所有的飲食中都包括調味品，用藥草製作的香料和醬汁、香料以及其他可食用成分，比如醋，它們具有芳香或辛辣的氣息、味道和顏色。藥草、香料和調味品的消費在世界各地差異很大，通常與鹽的消耗量成反比。但是在烹飪開發各種香料的富有想像力的用途，對於減少我們飲食中的鹽和脂肪大有幫助。

許多傳統烹飪法都是以它們所使用的藥草、香料和調味品為代表的，或者單獨使用或者混和使用，或者在烹調時放入食品中或者放在桌子上。除了能夠使平常的食品變得更加可口以外，藥草、香料和調味品還具有防腐劑的功能，有藥用價值和滋補作用。在一些社區中，它們被以各種不同的組合和劑量與食品混合，用來防止和治療某些普通的疾病，許多常見藥物就是從藥草和其他植物中提取的。

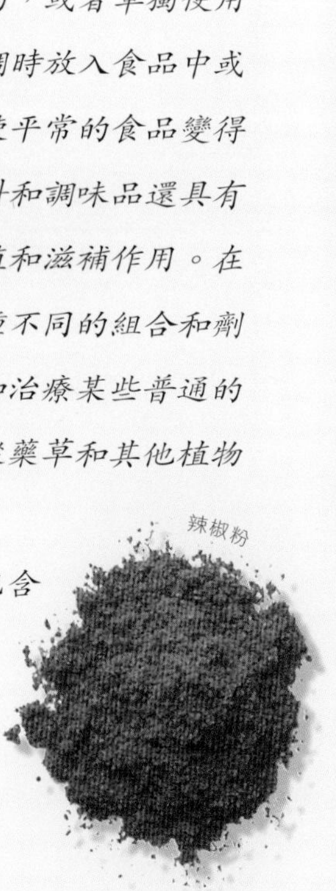

雖然各種各樣的藥草包含有類胡蘿蔔素和維生素C，但是由於它們在食品中所佔的體積和重量都很小，所以從營養價值的角度來

月桂葉

辣椒粉

說，它們發揮不了什麼太重要的作用。但是，藥草、香料和醋都包含大量生物活性化合物——儘管它們的活性不容易被理解——但現在已經被認識到，而且被納入科學研究中，包括癌症研究。

醬油

香醋

脂肪是我們食品中的能量最密集的成分。一個社會工業化、都市化程度越高，由脂肪和油類中獲取的能量就越多。脂肪可以根據它們包含的不同的化學成分來分類，比如所包含的飽和脂肪酸、多不飽和脂肪酸和單不飽和脂肪酸的不同的比例。它們也可以根據其動物或植物來源來分類。某些脂肪在細胞膜的合成中擔任重要角色，尤其是神經組織。但是，在一些工業化社會中，正是脂肪和油類（尤其是飽和脂肪酸）的過量攝入，與肥胖、冠心病和某些癌症之間存在着消極的聯繫。

香脂草
② ⑤
富含揮發油

它又被稱為檸檬香脂草，這種草藥對於鎮定緊張的神經及由此引起的消化不良很有幫助；它對於治療輕微至中度沮喪也非常有益。它對於一些兒童問題也卓有成效——它在西班牙被看作是托兒所的萬應靈丹。

可以使用它的葉子做成安神茶，享用這種植物中存在的香茅油以及其他類黃酮的美妙的芳香。正是揮發油賦予了檸檬香脂草這獨特美好的味道。

✚ 對於緩解壓力和緊張以及神經性消化不良有好處。
✚ 最好拌入色拉或製成草本茶飲用。

食品應急小秘方

● 痛風腫脹疼痛的一種傳統的治療方法是，把敷布浸泡在溫熱的檸檬香脂草藥湯中，並塗抹到發炎部位。
● 你也可以使用檸檬香脂草的葉子來減輕昆蟲叮咬的痛楚。

當歸
② ④ ⑥ ⑦ ⑨
富含丹寧酸和揮發油

它既可以做成浸泡茶飲用，這是治療消化不良的不錯的藥方，也可以做成藥酒——每次一小茶匙，每天三次，可以治療輕微胸部感染。當歸含有揮發油、一點點維生素A和B，富含丹寧酸。理療家們經常使用當歸乾燥的根部治療肝部不適，關節炎，或者作為溫和的刺激劑。美國當歸在治療胃氣和胃灼熱方面療效明顯。有辛辣氣味的中國當歸可以減輕月經期不適，中國人也用它來治療貧血。

✚ 對消化問題、胸部感染、關節炎和貧血有好處。
✚ 最好以蜜餞形式食用，作為蛋糕的裝飾，或者作為草本茶來飲用。
➖ 糖尿病患者應當避免食用當歸，因為它可以使血糖水平升高。

食品應急小秘方

● 在洗澡水中撒入一些當歸葉，可以減輕關節疼痛。

月桂
❷

富含揮發油

月桂葉獨特的香氣是一流的法國烹調香料包中不可缺少的內在組成部分，它們的殺菌防腐功能和輔助消化功能，即幫助預防胃氣和胃痙攣，受到同樣的讚譽。月桂含有香葉醇、桉油精、丁子香酚等揮發油。當在藥方中使用時，它對消化液的刺激作用可以增強對食物中營養物質的吸收。

對於那些大病初癒的人，尤其是神經性厭食症患者，月桂葉是最有益的飲食添加物。

➕ *有助於消化，對康復期病人有幫助。*
➕ *最好放入湯中或者燉菜中，或者用於香料包中。*
➖ *月桂中含有的香精油可能會引起過敏反應，因此只能在稀釋的混合劑中使用。使用前必須先在一小塊皮膚上做試驗。絕對不能內服。*

食品應急小秘方

●把一份月桂葉的煎劑放入熱洗澡水中，可以緩解疼痛。

薄荷
❷ ❺

富含香精油

這種藥草含有薄荷醇、薄荷酮、薄荷基、醋酸鹽和類黃酮等香精油。薄荷對胃部有鎮定安慰作用，對過敏性結腸綜合症、大腸和結腸肌肉痙攣有幫助。飯後喝一杯用新鮮薄荷葉泡製的胡椒薄荷茶來幫助消化，這種做法在整個中東地區都非常普遍。薄荷茶還可以用來減輕頭痛，尤其是壓力引起的頭痛。

➕ *對於消化問題和減輕壓力有好處。*
➕ *最好作為羔羊肉的調味醬食用，或者加入餐後甜點中使其味道更加濃郁，或者泡茶飲用。*
➖ *某些人接觸胡椒薄荷油可能會過敏，因此堅持食用前在一小塊皮膚上做試驗。不要給嬰兒使用。*

食品應急小秘方

●把5滴胡椒薄荷油滴入25毫升（1液量盎司）葡萄種子油中進行稀釋，可以有效減輕疲勞和肌肉疼痛，或者塗在鬢角按摩，可以減輕頭痛。

甘菊
② ③ ⑤ ⑦ ⑨
富含揮發油

這種有鎮定作用的神奇藥草含揮發油、類黃酮、丹寧酸和香豆素,對失眠、神經性消化不良和緊張不安有良好療效。它泡出來的茶是所有草本茶中味道最好的,可幫助治療腫脹和胃痛,適當稀釋後甚至可以治療嬰兒腹痛。它還具有良好的抗炎作用,可幫助治療關節問題和周期性疼痛。作為治療兒童失眠、高燒和普通過敏性腸炎的偏方,沒有什麼比得過它,它甚至可以減輕嚴重乾草熱綜合症的症狀。

✚ *對神經、消化和皮膚問題有幫助。*
✚ *最好泡茶飲用。*

食品應急小秘方

● 在溫熱的洗澡水中放入三袋甘菊草藥,可以減輕濕疹的瘙痛。

● 可以用甘菊泡製的濃茶來漱口,以緩解口腔的炎症。

● 作為一種吸入劑,甘菊可以幫助減輕鼻黏膜炎。

琉璃苣
③ ⑥ ⑦ ⑧ ⑨
富含γ-亞油酸

琉璃苣可以幫助降低體溫,刺激腎臟,治療慢性胸部疾病。除了丹寧酸和黏液以外,它還含有大量生物鹼,不過最有趣的是含有大量γ-亞油酸(gamma linoleic acid, 簡稱GLA)。這些成分使得琉璃苣成為可以治療PMS、風濕性關節炎和濕疹的藥物。琉璃苣泡製的草本茶也有助於進入寧靜的睡眠。

✚ *對胸部問題、皮膚問題、PMS和高燒有好處。*
✚ *最好用做冷卻後的湯的可食用裝飾菜,拌入色拉或者Pimms酒。*
➖ *生物鹼可能有毒,新鮮葉子可能會引起接觸性皮炎,因此在採摘的時候要戴上手套。*

食品應急小秘方

● 如果皮膚乾燥起皮,可以在盆中放入2.25升(4品脫)沸水和幾把琉璃苣葉子,然後把臉俯在盆上,毛巾搭在頭上。用蒸汽燻蒸8-10分鐘,然後用冷水清洗臉部。

細香蔥
❷

富含硫磺化合物

這種藥草屬於植物中的蔥屬家族，具有大蒜和洋蔥的許多神奇療效。烹飪中作為調味品使用時，一定要等到最後一分鐘再放入，否則它獨特的鮮美味道就會完全喪失。它們具有殺菌作用，它們的香氣和味道可以增進食慾，促進消化液的流動。

羅勒
❷ ❸

富含揮發油

羅勒含有揮發油，尤其是蕪荽醇、檸檬油精和草蒿腦。它對於腸胃氣脹有好處，可以促進消化，它的殺菌功能據說可以治療痤瘡。它還是一種溫和的鎮靜劑，晚上吃一點對那些飽受失眠之苦的人大有幫助；把三四片葉子撕成小片，加入萵苣、番茄做成的三明治中，可以收到天然的鎮定效果。

香菜
❷ ❺ ❽

富含揮發油

在生長在美國的所有香料中，香菜可以算得上最重要的品種之一。它的種子和葉子都可以食用，雖然它們的味道很不相同。這種氣味濃烈的植物含有蕪荽醇、蒎烯、松油烯和類黃酮。它是印度所有食用植物中最常見的一種，可以把新鮮葉子撒在咖哩飯菜上。阿育吠陀的醫師們用香菜做利尿劑，做消化輔助食品，也用來提高男性性能力。

➕ 對消化、男性性能力和緊張壓力有幫助。

➕ 最好放入咖哩飯、醬汁中，或者拌入色拉。

食品應急小秘方

● 把一大茶匙剁碎的香菜葉泡在一杯沸水中做成的茶，有助於治療胃氣、過敏性結腸炎綜合症和壓力過大。

● 把一茶匙磨碎和烘烤過的香菜種子放入一杯溫水中漱口，可以治療鵝口瘡。

蒔蘿

❷

富含揮發油

蒔蘿含有香豆素、氧雜蔥酮、香芹酮、檸檬油精和水芹烯等揮發油。它在緩解腹部絞痛、腸胃氣脹和胃痛等方面效果顯著。絕大多數嬰兒都可以採取服用驅風劑的形式攝取蒔蘿。

茴香

❷ ❽

富含揮發油

茴香含有一些揮發油和類黃酮。它對於腸胃氣脹有顯著療效，可以刺激肝臟，促進消化。它的種子的浸液對腎結石和膀胱炎非常有益。在過去，它的葉子、根和種子全部都被吃掉，這樣可以增強健康，幫助控制體重。

➖ 過多食用茴香種子會引起中毒，因此食用時不要超過推薦食用量。

香薄荷與牛至

❺ ❼

富含香精油

野薄荷（Origanum vulgare）在整個地中海地區和美國也被稱做牛至，是一種原始野生牛至。在英國，同樣的植物被稱做野生香薄荷。它是被早期移民帶到美國的，並在1940年代改變了名字。

牛至含有大量活性香精油，包含很多種成分，比如百里酚、香芹酚和牛至油精，也正是這些成分使得它成為重要的藥用植物。它具有強大的殺菌作用，在治療所有的呼吸系統問題、咳嗽、支氣管炎，甚至哮喘方面都卓有成效。一杯牛至茶可以迅速緩解緊張與焦慮。加入一點蜂蜜，就成為失眠患者入睡前放鬆精神的最佳飲品。咀嚼一兩片牛至葉還可以減輕牙疼。

➕ 對神經和呼吸系統的問題有幫助。

➕ 最好用作填充料，放在匹薩餅上，或者泡茶飲用。

歐芹
❻ ❽ ❾

富含香精油、維生素A和C

歐芹除了香豆素、類黃酮之外，還含有芹菜腦、肉豆蔻醚和檸檬油精等香精油。它還富含維生素A和C、鐵、鈣和鉀。傳統上被用作利尿劑和抗炎藥，還是一種強抗氧化劑。由於可以幫助清除尿酸，所以被用來治療風濕病和痛風。對於水腫患者，我向她們推薦在月經來臨之前飲用歐芹、芹菜、胡蘿蔔和蘋果果汁。

歐芹茶是一種溫和的天然利尿劑，每三個小時飲用一杯。歐芹種子也有利尿作用，使用方法和芹菜種子相同。

➕ *是一種有效的利尿劑和抗炎藥。*
➕ *最好用在色拉中或蔬菜中，或者泡茶飲用。*
➖ *大劑量的歐芹種子可能會有毒，如果你有腎病或者懷孕了，要避免食用。*

食品應急小秘方
● 在食用洋蔥、大蒜或者大量飲酒之後，咀嚼幾片歐芹葉子可以使口氣清新。

迷迭香
❷ ❹ ❺

富含揮發油

迷迭香既是一種滋補品，又對大腦皮層有刺激作用，可以通過提高細胞對氧的吸收和降低神經緊張來緩解虛弱，改善記憶力喪失。它含有龍腦、樟腦、檸檬油精、類黃酮和迷迭香油精等揮發油。迷迭香還是一種抗炎藥，可以刺激膽囊，加快膽汁流動，從而幫助脂肪消化。迷迭香茶也是治療頭痛的天然良方。

迷迭香還可以幫助改善血液循環，增強脆弱的血管。由於它具有修復營養功能，它還被用在許多藥物洗髮水中，迷迭香與硼砂的浸液可以用來清洗和治療頭皮屑。

➕ *對神經系統、消化系統和循環系統有好處。*
➕ *最好和羊肉、雞肉一同食用。*

食品應急小秘方
● 把一束新鮮的迷迭香小枝掛在你浴室的熱水龍頭下面，這樣的洗澡水可以強身健體。

鼠尾草
❷❹❼❾
富含揮發油

鼠尾草刺激膽汁，可以促進脂肪的消化。它含有揮發油、側柏酮、苦味、類黃酮和酚醛酸，是一種有清潔作用的殺菌和抗炎草藥。理療家們用它治療經期問題，減少自汗，治療胸部感染。側柏酮是一種植物性雌激素，因此定時定量食用鼠尾草，可以幫助女性控制更年期時的陣發性皮膚熾熱感。

紅色鼠尾草是鼠尾草的一種被稱作"丹參"的中國近親，含有丹參酮，它能夠通過刺激冠狀動脈血液循環來提高心臟的工作效率。它還是一種強大的殺菌劑，含漱可以有效地治療咽喉疼痛。鼠尾草茶還是一種有效的漱口水，可以治療牙齦感染和口腔潰瘍。

❶ 對於月經問題、消化問題和胸部感染有好處。
❶ 最好用作豬肉、鹿肉等肥肉的填充料，做成香腸或者泡茶飲用。
❷ 鼠尾草會干擾出奶量，因此哺乳期間不要過量食用這種藥草。

百里香
❷❼
富含揮發油

這種草藥可以用來泡茶，也廣泛應用在烹飪中。除了類黃酮以外，它還含有香精油百里酚（作為殺菌劑和漱口水的原料仍廣泛應用）和香芹酚。它可以幫助分解脂肪，百里酚和香芹酚在使氣管肌肉平滑方面有特殊效果，這就可以解釋百里香為什麼會有助於袪痰。百里香油除了用做芳香劑以外，還廣泛用於藥物製品。用百里香泡製的茶含漱可以治療咽喉疼痛和口腔潰瘍。

❶ 對咽喉疼痛、咳嗽和黏膜炎有好處。
❶ 最好用在香料包中，或者加到燉肉、醃泡汁或雞肉等菜餚中。
❷ 百里香的香精油是有毒的——一定不要內服；如果你懷孕了，不要使用百里香香精油按摩或者將其加入洗澡水中。

食品應急小秘方

●在洗澡水中加入5滴百里香油，可以減輕風濕病的疼痛。

香料

因其芳香成分而備受讚譽

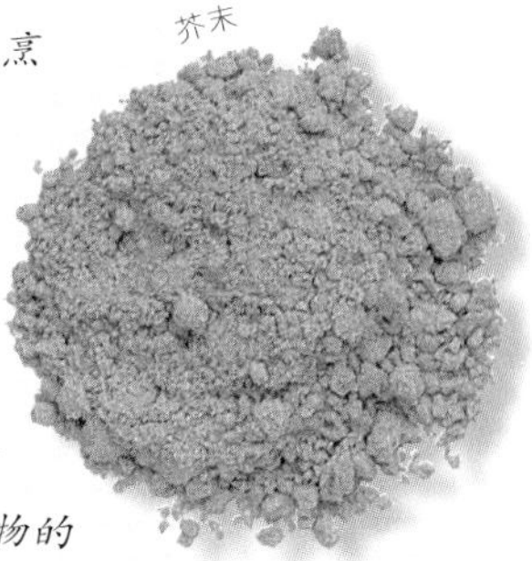

芥末

和藥草一樣，香料也有漫長的烹飪和藥用歷史，可以用作開胃菜和甜點的芳香劑。在罐頭製造、脫水、冷凍技術還沒有出現的日子裡，香料最早是用來掩飾腐爛物的，因為一些香料含有的香精油，或者能夠抑制微生物的生長，或者對它們具有毒性。其他香料傳統上則用來醫治腸內失調，因為它們具有抗微生物的作用，這種藥方就一代一代流傳下來。還有一些香料的精油用來製作香水和化妝品。

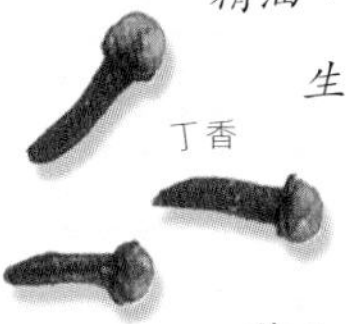

丁香

因此，雖然香料沒有什麼營養價值，用量也非常小，但是它們的重要性不應該被忽視。不過在使用它們時也應該多加注意，因為一些香料在內服外用時有毒，這一點將在下文中分別介紹。

由於它們異國情調的味道和強烈的芳香，香料應該在我們的飲食中佔有重要地位。最好的味道來自新鮮的五味粉，因此它們只能每次少量購買。我們可以購買到已經混合好的調味品，比如混合香料、咖喱粉和 "garam masala"（一種用於印度菜的調味品），但是最理想的解決方案是自己動手調配，用一系列芳香調料進行試驗。

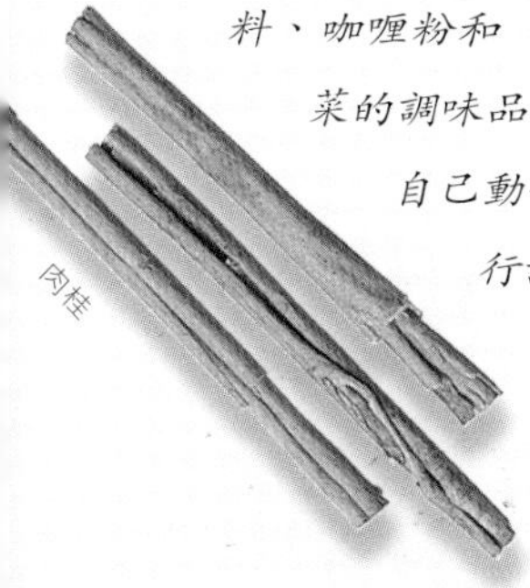

肉桂

小豆蔻
❷❹❼
富含芳香油

小豆蔻對所有消化問題都有幫助，尤其是腹瀉、腹痛和胃腸氣脹。豆莢同樣用於甜點和開胃菜中，在印度，它們是許多咖哩飯菜的重要成分。在阿育吠陀醫學中，它們的種子被認為是心臟補藥和祛痰藥。咀嚼小豆蔻的種子可以清潔口腔，掩蓋呼吸時的口氣。

香菜籽
❷❼❽
富含香芹酮、檸檬精油和蒎烯

在中歐，眾所周知香菜種子可以幫助消化。它們包含香芹酮、檸檬精油和蒎烯等化合物，這使得它們在對付胃氣和腸胃氣脹時非常有效。把它們放在可能會引起腹脹的菜中，比如捲心菜或者大豆，或者用它們泡茶，都可以緩解消化不良。它們還是溫和的利尿劑和祛痰劑，經常被用來治療兒童的咳嗽。

✚ *對於呼吸系統問題有好處，並可促進消化。*
✚ *最好撒在肥肉上、湯裡或者烘烤後食用。*

食品應急小秘方

●5滴香菜籽的香精油和25毫升（1液量盎司）葡萄種子油的混合液，可以用來治療疥瘡。

茴芹
❷❼
富含香精油

也叫茴香籽，它的香味和藥用價值來自香精油、茴香腦和草蒿腦。這些種子有助於治療乾咳和分解黏膜。用這些種子泡的茶可以緩解腸胃氣脹，增進胃口，幫助消化。

肉桂
❶ ❷ ❹ ❼
富含揮發油

這種香料具有刺激性、滋補性和殺菌性。它可以使全身所有系統興奮，幫助克服由流感或其他病毒感染造成的疲勞和倦怠。在感冒開始，或者任何你感覺身體虛弱的時候，研碎一根肉桂，加入到香甜熱酒中。它最重要的成分是揮發油和肉桂醛，具有溫和的鎮定效果，可以鎮痛，降低已經升高的血壓。肉桂還是消化助手，可以幫助控制虛弱和腹瀉。阿育吠陀的醫師經常用它來治療厭食症，也把它用作祛痰劑。

➕ 對咳嗽、消化問題、疲勞和倦怠有好處。

➕ 最好烘烤後食用，可用於水果布丁、茶、香甜混合飲料以及某些肉菜、魚菜。

食品應急小秘方
● 把一枝肉桂放在水中煮沸，吸入它的蒸汽對鼻竇不通和因胸部疾病引起的咳嗽非常有益。

辣椒粉
❷ ❹
富含辣椒素

這種火紅灼熱的香料一直被理療家們用來治療身體開始僵硬、脈搏越來越慢的急性疾病。它可以刺激循環系統，幫助生凍瘡的人，辣椒的這些神奇功能是由其中的化學成分辣椒素賦予的。辣椒種子中所含的辣椒殺菌素也具有強大的抗菌功能。辣椒可以刺激消化，防止胃蟲和食物中毒。

➕ 對循環系統問題有幫助，可以刺激消化。

➕ 最好把辣椒放入湯、燉菜和開胃菜中，少量即可。

➖ 皮膚敏感的人可能對紅辣椒會有反應，因此做辣椒時應該戴上手套。

食品應急小秘方
● 為製作加熱按摩油，可把50克剁碎的辣椒粉加入到250毫升葡萄種子油中浸泡，放在熱水上至少一個小時。然後將其濾入一個黑色玻璃瓶並保存在冰箱裡。用時取少量即可。

丁香
④

富含丁香酚

丁香是一種有效的殺菌劑，對循環系統有加熱刺激作用。在任何草本茶中加入一兩個磨碎的丁香都會使你精神倍增。它的主要成分是揮發油丁香酚。印度人和中國人都認為丁香是絕好的口氣清新劑，而且它們在印度香料 "garam masala" 中的應用賦予了印度菜獨特的風味。阿育吠陀的醫師們在西方人普遍使用丁香油之前很久就已經知道丁香有減輕牙疼的功效。

✚ 作為殺菌劑和刺激劑，對循環系統有幫助。

✚ 最好在印度混合香料 "*garam masala*" 中使用，也可用在煮水果、醃泡汁和浸漬液中。

食品應急小秘方

● 為了治療燙傷，可以把2-3滴香精油輕數敷燙傷表面。

● 為了治療牙疼，可以咀嚼丁香，也可以把幾滴香精油擦在牙齒感染部位周圍，如有必要可重複。

芥末
❷❼

富含黑芥子硫苷酸鉀

芥末種子含有黑芥子硫苷酸鉀，它可以轉化為烯丙基同基因移植物，是它賦予了芥末獨特的味道、氣息和刺激性。雖然芥末可以用作利尿劑和催吐劑（引發嘔吐），但在現代醫學中多數都是外用。可以把用芥末粉和水混合成的芥末膏攤在一塊布上，敷到後腰上治療腰痛和坐骨神經痛，或敷在胸口治療支氣管炎和肺炎，或敷在其他地方治療神經痛。用作調味品時，芥末可以刺激胃液，從而幫助消化。

✚ 對胸部疾病有好處，可以緩解疼痛。

✚ 這是一種味道強烈的調味品，最好用於醬汁和浸漬液中。

➖ 芥末有可能會在皮膚上灼出水泡，因此在使用芥末膏藥之前務必先在一小塊皮膚上作試驗。

食品應急小秘方

● 往一大盆熱水中添加一糕點匙的芥末粉，用它洗腳可以強身健體，緩解頭痛、感冒和流感。

辣根
❶ ❷ ⓻
富含黑芥子硫苷酸鉀和硫磺

辣根和豆瓣菜都同屬於十字花科，許多滋補和治療功能也都相同，其中包括強大的抗菌功能。它的強大的抗菌和預防癌症的特性來自它的黑芥子硫苷酸鉀成分，它可以分解形成異硫氰酸。辣根富含硫磺，它在英國的傳統用途是作為調味品加入烤肉或油魚中，從而促進它們的消化。辣根對於感冒、流感和竇炎問題，是一種不錯的治療方法：把一茶匙搓碎的新鮮辣根和一些蜂蜜一起放進一杯沸水中。

➕ *有助於治療感冒、促進消化，還可以用作抗菌藥。*
➕ *最好做成味道強烈的醬汁，用於肉類和深海油魚中。*
➖ *皮膚接觸辣根可能會灼出水泡。*
➖ *甲狀腺疾病患者應盡量少用，因為它含有致甲狀腺腫素原。*

食品應急小秘方
● 搓碎的辣根浸泡在熱水中製成的膏藥可以敷在尚未破裂的凍瘡上。

杜松子
❷ ❻ ❽
富含芳香油

正是這些小小的漿果賦予了杜松子酒獨特的味道，當用於烹飪時，它們還產生了濃郁的香氣。理療家們把它們當作刺激性強的利尿劑，用來治療尿道疾病，尤其是膀胱炎。杜松子還被用來治療風濕病和痛風，因為它們能促進尿酸的排出。它們還是消化系統的滋補品。

➕ *對尿道感染、風濕病、痛風和消化問題有好處。*
➕ *最好用作野味的醃泡汁或家禽的填充料。*
➖ *如果你患有腎臟疾病或急性尿道感染或懷孕，不要食用杜松子。*

食品應急小秘方
● 用5滴杜松子香精油和25毫升（1液量盎司）葡萄種子油的混合液體，塗抹在脂肪圍積聚部位並按摩會非常有效，因為它可以加快清除儲存在皮下的無用物質。

肉豆蔻和肉豆蔻皮
❷ ❸

富含肉豆蔻醚

這兩種香料豆來自同一種植物——長綠樹木肉豆蔻樹。肉豆蔻和肉豆蔻皮的芳香也非常接近，只不過肉豆蔻皮的味道更苦一點。從對人體的影響的角度來說，肉豆蔻的主要成分是肉豆蔻醚，它對大腦有深刻影響，化學性能和三甲氧苯乙胺相同。肉豆蔻可以刺激胃口，是促進消化與治療食物中毒、腹瀉和噁心的有效藥物。印度的阿育吠陀醫師們認為肉豆蔻對於皮膚生長具有極其重要的作用。它還是治療失眠、咳嗽和噁心的傳統藥物。

✚ 對於消化系統問題和皮膚有好處。
✚ 最好用於乳類和乾酪等菜餚中。
➖ 如大量食用都會產生劇毒，所以在食品中少量使用。

食品應急小秘方
● 對於嚴重的食物中毒，可以往胡椒薄荷草藥湯中加入一點肉豆蔻，每4小時服用一次。

薑
❶ ❾

富含薑烯、薑醇和生薑酚
(乾薑)

薑在亞洲所有烹飪中廣泛應用，是甜點和開胃菜的最常見的成分。它對於緩解感冒和咳嗽等症狀特別有效，是一種常見的溫性植物，在預防旅途嘔吐和孕婦晨吐方面極有價值。把研碎的鮮薑放入熱檸檬和蜂蜜中製成睡前飲料，飲後可以很快治癒感冒。乾薑的味道比鮮薑更為辛辣。

✚ 可以減輕咳嗽、感冒和噁心症狀。
✚ 適合加入甜點和開胃菜中。

食品應急小秘方
● 對於晨吐、旅途嘔吐以及術後嘔吐，可以用薑製作溫熱飲品治療，方法是取1厘米（0.5英寸）薑去皮研碎，放入杯中，加入滾水，蓋嚴泡10分鐘，然後過濾，加入一茶匙蜂蜜，慢慢呷用。

鹽
過量食用有害健康

鹽是一種叫做氯化鈉的化合物，雖然鈉對於身體功能的效率是必不可少的，但也正是鈉引起了各種各樣的問題。當體內的鈉過多時，腎臟需要更努力地工作來清除它，心臟需要輸送更多的血液通過腎臟，血壓就會升高。既然沒有人需要在我們的食品中增加鹽——食品本身自然包含的鹽就已經足夠多了——那麼就應該盡可能地減少我們的鹽攝入量。

食用過多的鹽會導致高血壓、中風和心臟病。鹽還能使發生在經期的水腫惡化，並導致心力衰竭。過量的鹽與胃癌密切相關，可使哮喘加重，引起身體鈣質流失，從而導致骨質疏鬆症（骨頭鬆脆疾病）。倫敦聖喬治醫院的馬克喬治（MacGregor）教授相信，我們的食鹽攝入量應該減少一半，從每天10克減少到5克。實際上我們每天僅需要1克鹽。

但是做起來並不是那麼容易，因為我們攝入的絕大多數食鹽是食品生產商在加工過程中添加的。它是應用最廣泛的把你的健康置於危險之中的合法物質。最糟糕的罪犯是那些外賣食品和精加工食品。仔細閱讀食品標籤。在主要成分一欄中，鹽的位置越靠前，表明這種食品中鹽的含量越大。另外還要注意味精、糖精、碳酸氫鈉、發酵粉、硝酸鹽、亞硝酸鹽以及其他種種——這些成分中都含有鈉。食品生產商經常標明"毫克鈉／每100克"，看起來似乎很少，但這是騙人的。用它乘以2.5你才會得到食鹽真正的含量。

✚ *對於全身系統功能健康非常必要。*

➖ *在烹飪中最好用開胃菜和芳香的藥草代替鹽。*

➖ *過量攝入鹽會導致人患上高血壓、中風和心臟病等多種疾病。*

➖ *會使水腫惡化，與胃癌、哮喘和骨質疏鬆症密切相關。*

醋

因為它們的醋酸成分和防腐功能
而備受讚譽

醋是所有已知調味品中最古老的一種，同時也是價值無法估量的食品保存方法，因為一旦密封，它就可以無限期保存。自從人類起源，我們就開始試驗醋的釀造工藝：在最古老的中國和日本，以及古代希臘和羅馬文明中，這種古老的工藝就已經非常成熟了。"vinegar"（醋）這個詞來自拉丁語"Vinum acer"，意思是"酸的酒"。

所有的醋都開始於含酒精的液體，使用一群叫做醋酸桿菌的微生物進行酸化處理，最終的成品中含有4—6%的醋酸。雖然如今許多醋都是高技術工廠生產的，但是質量最好的醋仍然是運用奧爾良工藝製作的，這種工藝許多世紀以來都沒有什麼改變，而且非常緩慢，獲得必要的酸度至少要花三個月時間。

酸味強烈的醋對於色拉而言是優秀的無脂肪調味品，可以為那些必須避免食用蛋黃醬、只能採用低脂肪飲食的人增加滋味；所有純正的醋都可以用

白酒醋　　紅酒醋

來浸製香料、藥草或者水果，從而產生各種各樣的味道。辣椒、大蒜、迷迭香、龍蒿、月桂葉甚至覆盆子、草莓等水果都可以加醋，而且這樣做試驗本身也是一種樂趣。

香醋

❷

每標準客所含的能量為1千卡
富含醋酸

香醋雖然早就受到大廚和美食家的歡迎以及意大利人的高度讚譽，但在近年之前，除了在它的老家意大利北部小鎮摩德納，它幾乎不為外人所知。它使用葡萄酒製成，最理想的是產於意大利棠比內洛的葡萄。整個工藝至少需要12年，在此期間，葡萄酒在木桶中慢慢釀熟變陳，最好的香醋時間可能長達50年，因此這種醋價格高昂就不那麼令人奇怪了。但它甜酸的味道、獨特的芳香和深黑的色澤，使它只要在嫩色拉菜葉、新鮮的朝鮮薊或烘烤的紅甜椒上加一點點，就會變得美妙無比。

➕ 是一種很有價值的食物保存方式。
➕ 一種有用的調味品。
➕ 最好用於色拉和蔬菜中。

食品應急小秘方

● 醋是一種良好的殺菌劑，加上大蒜，就具有強有力的抗真菌作用，可以治療腳癬等。

蘋果醋

❷ ❻

每標準客所含的能量為1千卡
富含醋酸

這種醋在美國更為常見，它是用蘋果酒的酒精開始製作的。它不像麥芽醋那麼酸，但是具有獨特的清爽的味道，容易令人聯想到某些古典雞尾酒中的蘋果。蘋果醋和上等橄欖油調配，可以製作出清淡可口的色拉調料。它還是北美洲地區傳統的重要家用藥物之一，可以用來減輕風濕病和關節炎的症狀：D·C·賈維斯（D. C. Jarvis）教授在自己的暢銷書《民間醫藥》（Folk Medicine）中主張，把2茶匙蘋果醋和2茶匙純蜂蜜放在一杯熱水中溶解，每天應該飲用三次，分別在飯前和睡覺前。

米醋

❷

每標準客所含的能量為1千卡
富含醋酸

這是中東地區的傳統醋，是用米本身或者米酒（日本米酒）製作的。它的酸味比其他醋更淡，是中國菜和日本菜的美味調料。

麥芽醋

②

每標準客所含的能量為1千卡
富含醋酸

這種醋在英國最為常用,加在炸魚和薯條、醃泡洋蔥、小黃瓜和胡桃裡的,都是這種醋。麥芽醋是由發酵的大麥麥芽、酵母,再加上醋酸桿菌培植物製成的,還可以加入一些焦糖,使顏色變得更深。蒸餾麥芽醋是普通麥芽醋的純淨的蒸餾物,可以用來醃泡和保存食物。

➕ *有助於食品保存。*
➕ *最好用於醃泡,或者加在炸魚和薯條上。*

白酒醋

紅酒醋

人造醋

②

每標準客所含的能量為1千卡
富含人工色素和香料

這種醋不是發酵釀造的,實際上並不是醋。在商業上它被稱做NBC(non-brewed condiment, 非釀造調味品),通常在地區速食店中可以見到。它使用焦糖人工上色,用糖、人造香料和鹽調配味道。

➖ *最好避免食用,尤其是過敏患者和患有多動症的兒童。*

酒醋

② ⑨

每標準客所含的能量為1千卡
富含醋酸

酒醋是使用酒精含量低的葡萄酒加上培植物釀造的。這是一個緩慢的過程,在木桶中進行,最終的產品含有大量芳香物質,形成上等酒醋的獨特的味道。所有真正的醋,除了香醋以外,都可以為了適應特定的目的,而加入辣椒、藥草甚至水果等各種香料進行釀製。

脂肪和油類

因為它們的維生素和精華脂肪酸成分而備受讚譽

和脂肪有關的全部問題複雜而混亂，但是瞭解脂肪的不同種類——飽和脂肪、多不飽和脂肪、單不飽和脂肪、反式脂肪；膽固醇、高密度脂蛋白、低密度脂蛋白；Ω-3，Ω-6——是通往營養健康之路的重要一步。食譜中如果缺乏某種蛋白質，我們就不能吸收那些脂溶性維生素A、D、E和K。

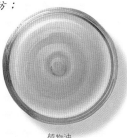

植物油

在我們的食物的所有成分中，根據重量計算，脂肪的卡路里含量最高，是澱粉食物的兩倍。但是低脂肪飲食並不等於無脂肪飲食，那些避免食用所有脂肪的人，所面臨的罹患重大疾病的風險，和那些體重超重、食用脂肪的人口一樣。

降低脂肪消耗的第一步是排除所有的眼睛看得見的脂肪——比如黃油、乾酪、奶油、牛排或排骨或每片火腿表皮上的肥肉。更為困難的是要避免那些隱藏在肉製品、餅乾、蛋糕和巧克力中的脂肪。

唯一的方法是仔細閱讀食品標籤。在你動身去超市之前，看一眼本頁背面的表格，看一下你需要吃多少高脂肪食品就能獲得10克（0.25盎司）脂肪——這是每天脂肪推薦消耗量的三分之一。

黃油

脂肪常識

食品	含有10克（0.25盎司）脂肪的重量
黃油	12克/0.25盎司
切達乾酪	30克/1盎司
乾酪蛋糕	30克/1盎司
薯片（冷凍）	50克/2盎司
巧克力餅乾	35克/1.25盎司
巧克力消化餅乾	40克/1.5盎司
奶油乾酪	20克/0.75盎司
二次分離的衡奶油	20克/0.75盎司
油煎燻肉（帶條紋）	20克/0.75盎司
油煎斯堪比蝦	55克/2盎司
帶肥肉的羊排	30克/1盎司
豬油	10克/0.25盎司
人造黃油	12克/0.25盎司
蛋黃醬	12克/0.25盎司
肉餡餅	50克/2盎司
牛奶巧克力	35克/1.25盎司
豬肉餡餅	35克/1.25盎司
豬肉香腸	30克/1盎司
馬鈴薯片	30克/1盎司
豬油火腿蛋糕	35克/1.25盎司
帶皮烤鴨	25克/0.75盎司
蘇格蘭蛋類	50克/2盎司
一次分離的稀奶油	50克/2盎司
海綿蛋糕	40克/1.5盎司
斯第爾頓奶酪	25克/0.75盎司
希臘魚子泥色拉	20克/0.75盎司
傳統奶油酥餅	40克/1.5盎司
植物油	10克/0.25盎司

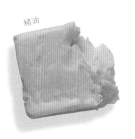
豬油

葵花籽油

橄欖油

飽和脂肪
過量食用有害健康

飽和脂肪就是幾乎所有動物脂肪、黃油、豬油、肉上面的肥肉，以及乾酪、奶油和乳類中的脂肪。某些蔬菜也含有飽和脂肪，比如椰子和棕櫚。人體能夠製造自己的脂肪酸，所以你實際上不需要吃這些東西。

⊖ *最好避免直接食用這些東西。*
⊖ *會引起心臟疾病和乳癌。*

多不飽和脂肪
富含脂溶性維生素A、D、E和K

多不飽和脂肪主要存在於植物油中，比如豆油、玉米油、葵花籽油、紅花油等等。它們還出現在深海油魚中，雖然包含的卡路里實際上與飽和脂肪一樣多，但是它們非常重要，應該包含在你的食譜中定期食用。

⊕ *可以提供精華脂肪酸，有助於皮膚健康和身體細胞的生長。*
⊕ *最好食用植物油和深海油魚。*

單不飽和脂肪
富含脂溶性維生素A、D、E和K

單不飽和脂肪絕大多數存在於橄欖油、油菜籽油、堅果和種子中，是非常重要的心臟保護者。地中海沿岸國家大量食用橄欖油，這被認為是這些南方國家人口的心臟病發病率大大低於其他北歐和北美國家人口的一個重要原因。

⊕ *作為心臟保護者非常有效。*
⊕ *可以提供精華脂肪酸，有助於皮膚健康和身體細胞的生長。*
⊕ *最好食用橄欖油或油菜籽油、鱷梨、堅果和種子。*

189

深海油魚

人造黃油

精華
脂肪酸
富含 Ω-3和 Ω-6

精華脂肪酸就是 Ω-3和 Ω-6脂肪酸，它們對於人體細胞的形成非常重要，尤其是腦細胞和神經中樞系統組織。它們既有單不飽和脂肪，也有多不飽和脂肪。如果缺乏它們，懷孕期間以及幼兒時期兒童的大腦發育會受到有害的影響。

近來的研究表明懷孕的女性素食主義者的精華脂肪酸缺乏問題已經開始受到關注。Ω-6脂肪酸被發現存在於橄欖油和葵花籽油中，Ω-3脂肪酸則在油魚、大豆、油菜籽油和胡桃中含量非常豐富。

➕ *對大腦和中樞神經系統發育大有好處。*
➕ *最好食用橄欖油、葵花籽油、油菜籽油，以及油魚、大豆和胡桃。*

反式脂肪
過量食用有害健康

反式脂肪不會在食品標籤上列出來，雖然你可能偶爾會發現人造黃油宣稱不含反式脂肪或者含量很低。幾十年來，我們一直被告知：對於你的心臟而言，人造黃油比黃油更安全，但現在美國的研究者們已經把矛頭指向了這些先前一直被忽略的罪犯。

液體油經過一種叫做氫化作用的工序，轉化成固體或半固體的人造黃油，商業食用油也需要部分經過氫化作用，使得它們在熱油鍋中的使用壽命更長，從而增加商品的吸引力。反式脂肪就是這一工藝的副產品，美國龐大的人口調查已經揭示：這種反式脂肪可以引起嚴重的心臟疾病，像飽和脂肪一樣壞，甚至更壞。

➖ *最好避免直接食用。*
➖ *與心臟疾病有關。*

膽固醇

血液中的膽固醇水平是一個人罹患心臟疾病的重要標誌。雖然還有其他因素——比如抽煙、肥胖、缺乏鍛煉和暴飲暴食——但膽固醇才是至關重要的。它是人體中每一個細胞的重要成分，但是我們不需要攝入膽固醇，因為我們可以利用其他的脂肪來製造膽固醇。

▶絕大多數血液膽固醇水平高的患者，可以通過減少飲食中的飽和脂肪數量來降低膽固醇，而減少飲食本身中的膽固醇只能稍稍降低血液中的膽固醇水平。在植物性食品中沒有膽固醇，但是在所有的動物性食品和以動物原料為主要成分的食品中，都含有膽固醇，動物內臟和蛋黃中的含量最高。

▶膽固醇在人體中的循環方式有兩種。它附着在低密度脂蛋白（Low-Density Lipoprotein, 簡稱LDL）或者高密度脂蛋白（High-DensityLipoprotein, 簡稱HDL）上。低密度脂蛋白是壞東西〔記住：L＝lethal（致命的）〕，因而正是那些在血液循環中存在大量的低密度脂蛋白的人，承受着最高的心臟病風險。大量攝入飽和動物脂肪會增加低密度脂蛋白的數量。如果血液中高密度脂蛋白水平高，表示心臟病風險降低。

▶幾乎不含其他飽和脂肪的高膽固醇食品，看起來對血液中的膽固醇水平沒有什麼影響。有許多食品，尤其是那些可溶纖維含量高的食品，比如燕麥片、乾果、葡萄柚，可以促進身體清除多餘的膽固醇。食品標籤上註明"不含膽固醇"或者"膽固醇含量低"實際上是一種誤導；你應該注意的是飽和脂肪的百分比。

黃油
③

每標準客所含的能量為74千卡
富含維生素A、D和E

它非常可口，如果製作適當，當然會比幾乎所有人造黃油對身體更有好處，因為它是天然產品，而人造黃油是在工廠裡人工合成的產品。壞消息是：它實際上全都是脂肪，而且60%是飽和脂肪。每100克黃油可以提供74千卡能量，它是維生素A、D和E的豐富來源。某些牌子的黃油中，鹽的含量比其他牌子高許多，從根本不含鹽到每100克含鹽量高達1,300毫克。在英國，黃油可以做成各種顏色，但是不可以包含抗氧化劑，除非產品不是用於製造業或公共飲食業。

和其他絕大多數乳製品不同，黃油中鈣的含量很少，實際上不含B族維生素。

➕ 可以提供精華脂肪酸，有助於皮膚的健康和身體細胞的生長。

➕ 最好適度使用，甚至節儉使用，代替人造黃油。

➖ 不要把黃油塗在燒傷或燙傷處──傷口的熱度會導致黃油灼傷皮膚。

人造黃油
③

每標準客所含的能量為74千卡
富含維生素D和E

人造黃油是一種複雜的化學產品，含有油、脂肪、香料和色素，它的製造工藝最早是由法國化學家蒙格·莫里斯（Mège Mouries）1869年在巴黎發明的。它通常是植物油、動物油或魚油的混合物，經過氫化作用從液態轉化為固態或柔軟的人造黃油。正是在這一工藝過程中產生了有害的副產品反式脂肪。人造黃油中的脂肪總量（低脂塗抹料除外）和黃油一樣多。但是每100克黃油能提供54克飽和脂肪，而人造黃油只能提供36克，多不飽和脂肪提供的也只有16克。

低脂塗抹料的卡路里和脂肪含量比人造黃油低得多，並且與多不飽和脂肪一樣，不含膽固醇。但是要記住：不含膽固醇並不意味着不含脂肪。

➕ 可以提供精華脂肪酸，有助於皮膚的健康和身體細胞的生長。

➖ 最好用少量黃油代替。

植物油
③
每標準客所含的能量為99千卡
富含維生素E

像所有脂肪一樣，油類也可以提供大量卡路里——每100克.899卡。絕大多數植物油幾乎不含飽和脂肪，是維生素E的很好來源，但是棕櫚油和椰子油都含有大量的飽和脂肪，而且椰子油幾乎不含維生素E。這些油中的某一種極有可能會成為貼着"植物油"標籤的商品中的一員，但注意確保自己不要購買。植物油中的多不飽和脂肪非常重要，因為它們包含我們的身體不能自己合成的精華脂肪酸。在所有植物油中，葵花籽油的維生素E含量最高，每100克油中含有49毫克。

葵花籽油、玉米油和紅花油對於清淡的色拉調料和烹飪都非常理想。胡桃、大豆和芝麻油等特殊油類，近年來隨着人們對旺火煸炒的興趣增加，它們已經走上前台。杏仁油非常適合做清淡的色拉調料，油菜籽油幾乎沒有什麼味道，但是在煎炸食品時是非常有用的，因為它的冒煙點溫度很高。榛子油有獨特的味道，

但是冒煙點溫度低——適合做醬汁，不適合煎炸食品。花生油有獨特的堅果香味，冒煙點溫度高，飽和脂肪含量低，單不飽和脂肪含量高，多不飽和脂肪含量也很高。它是一種優良的多用油。

➕ 可以提供精華脂肪酸，有助於皮膚的健康和身體細胞的生長。

➕ 最好用於色拉調料或旺火煸炒，因為這樣幾乎一點油都不會被食品吸收。

➖ 在煎炸食品時，高溫加熱、反復使用同一批油，這是健康的大敵，因為這樣會產生有毒的化學物質。

食品應急小秘方

● 可以使用植物油和橄欖油作為潤膚劑，潤澤乾燥的皮膚或牛皮癬。如果在洗澡以後塗抹，這些油會非常有效。

橄欖油

① ② ③ ④ ⑤

每標準客所含的能量為99千卡
富含維生素E

科學研究已經證實了地中海地區農民的聰明智慧，橄欖油是一種神奇的食品藥物。維生素E是最強有力的抗氧化劑之一，而橄欖油慨提供了這種維生素最活躍的形式——阿爾法（alpha）。實際上它擁有足夠的抗氧化活性，食用大量優等橄欖油沒有任何風險。現在認為橄欖油對許多與自由基活性有關的疾病具有防護作用，其中包括癌症、關節炎、早衰和心臟疾病。定期食用橄欖油的人，體內有益的高密度脂蛋白含量更多，這可能要歸功於地中海飲食的心臟保護作用。

近年來的研究還表明，橄欖油的促進膽汁分泌的效果比其他脂肪更強烈更持久。這可以解釋，在美國食品與藥物管理局制訂的採用百分制的消化率中，為什麼橄欖油獲得了滿分，葵花籽油得了83分，花生油得了81分，而玉米油則只有36分。橄欖油還能被有效地吸收，可以促進腸蠕動，運送食物通過身體；它因此成為肝病、胃病和潰瘍患者的益友。

➕ 可以防治癌症、心臟疾病、潰瘍和關節炎。

➕ 最好使用上等天然橄欖油，因為其中還保留着重要的抗氧化劑；但是如果用來煎炸食品就是一種浪費，因為在這一過程中它可口的味道會被破壞。

食品應急小秘方

● 橄欖油可以為乾燥、脆弱、受過燙髮損傷的頭髮提供極好的深層修復。把橄欖油梳進濕透或潮濕的頭髮中，用薄膜包好，再包上毛巾；幾小時後清洗乾淨即可。

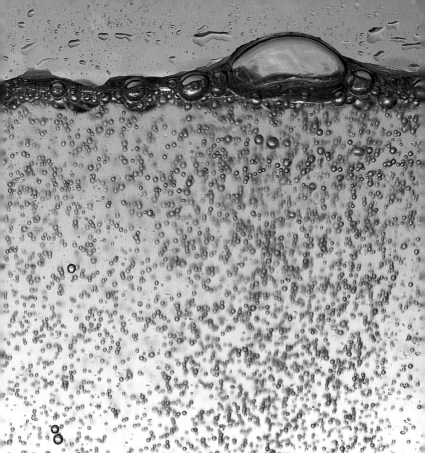

甜食和飲品

糖可以提供能量，但並不含有任何有益的營養成分。我們可以從其他更健康的來源，如水果、蔬菜和牛奶，獲得我們所需的所有能量。飲品，從另一方面來說，對於維持身體正常的體液平衡非常重要，但是我們應該專注於有治療功效的水，而不是充滿糖的飲料。

粗糖

如果很大部分的能量來源於精煉的糖（含糖的飲料、零食和糖果），這樣的飲食會導致維生素、礦物質和飲食性纖維含量過低。現在，歐洲和美國的精煉糖平均提供14-17%的能量，而且一些兒童會消費更高的數量，大約17-20%。令人擔心的是，隨着日益工業化，如今這一生活方式在世界的其他地區正在重演。

軟飲料、糖果、蛋糕和餅乾頻繁地進行廣告轟炸，到處可以買到它們，而且作為比健康的替代食品更引起人食慾的食品進行推銷。它們有成為我們所吃的快餐食物的趨勢，填滿我們的肚子，這樣我們在進餐時間對於更有營養的食物就不會有飢餓感了；它們會導致牙齒齲蝕，而且由於我們經常無法意識到我們正在吃比我們身體實際所需更多的能量，因

蜂蜜

而還會引起肥胖。

咖啡豆

我們好像無法滿足的對甜食的喜好，已經促使軟飲料生產商生產並在市場上銷售一系列含有大量的糖、香料的飲料；或使用甜味劑代替糖，來滿足那些想減少能量的人的需要。甜味劑也被廣泛用於許多精製的食品中。雖然生產商聲稱甜味劑是安全的，但由於其與癌症的聯繫，以及長期食用造成的副作用難以確定，其中一些已經被從市場中清除出去。

由於水構成了成年人50-70%以上的身體重量，我們飲用足夠量的水來解渴並保持身體的體液平衡，是十分重要的。飲料也可以幫助減輕便秘。水、茶和咖啡仍是最受歡迎的液體來源——儘管茶和咖啡含有大量的營養成分，它們被大量飲用主要還是由於其與眾不同的味道和興奮劑功能；但只要它是來自清潔的源頭，水仍然是最健康的選擇。

甘菊茶

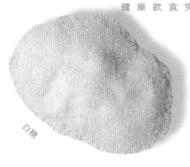
白糖

紅糖

糖

紅糖
每100克所含的能量為362千卡
白糖
每100克所含的能量為394千卡
營養貧乏

你從本地商店購買的糖，不管是白糖還是紅糖，都不是天然的或對身體有益的。糖並不會直接導致心臟疾病、糖尿病、行為失調或者痤瘡，但卻經常是首先與導致健康災難的、不可避免的、漸進的環節聯繫起來。英國和美國把糖的總消費量減少50%，將對公眾健康產生巨大的影響。

提供過多的精煉糖的常規飲食，會導致被稱作低血糖的狀態，實際上就是血液中含有的糖過少。這可能是由糖尿病或者胰腺疾病引起的，但卻經常是不良飲食習慣的結果。當你的血糖水平過低時，發汗、顫抖、衰弱、頭昏眼花、頭痛和紊亂等現象就有可能發生。

精煉糖，這種許多果醬、蛋糕、布丁、餅乾、罐裝水果和軟飲料的主要成分，絕對不含有任何營養價值——你從中所能得到的，只是大量的能量和腐爛的牙齒。人們日益質疑：不良飲食習慣、不規律進食和過高的糖攝入量會嚴重地損害人體的精神狀態。沮喪、疲勞、過敏、注意力不集中、經前不適症狀（PMS）、情緒波動、在學校成績不佳和機能亢進等等，這些疾病都可以通過食用更好的食物、更注意有規律地進食以及減少食用精煉糖等予以改善。

在英國，糖的平均消費量為大約每人每周1公斤（2磅）——或者是每個男人、女人或兒童每年45公斤（100磅）以上。由於成年人趨向於食用較少的高糖食物，有多少糖被大多數兒童吃掉就可想而知了。其中的絕大部分來自於軟飲料、糖果、巧克力塊以及大量經過加工的食品，許多人造食品中隱藏的糖也是令人擔憂的。

糖僅能直接提供很少量的營養價值，在高度精加工的方便食品中經常被用作廉價的填充劑，▶

粗糖

糖蜜

糖（續）

從而用無意義的能量代替了更有營養的產品。眾所周知的是：這樣會使皮膚的皮脂腺分泌的甘油三酸酯增加，因此毫無疑問，保持皮膚良好的首要步驟就是減少糖的攝入。

白糖對你的身體有害，而紅糖對你卻是有益的——正確還是錯誤？儘管未經精煉的糖對你的傷害略少，但其中的微量營養成分通常也是在加工過程中添加的。蜂蜜含有極微量的營養成分且具有其他治療功效，但其中

20%是水。槭糖漿、玉米糖漿、葡萄糖漿、果糖和麥芽糖等都是具有不同名字的糖而已。

- ➕ 最好十分有節制地食用。
- ➖ 過量的精煉糖，會導致低血糖，使疲勞、沮喪和情緒波動等惡化。
- ➖ 過量的糖消費會增加膽固醇在動脈血管中沉積的危險；風險最大的人群是男性、服用避孕藥的女性和絕經期後的女性。

隱藏的糖

食物	隱藏有幾茶匙的糖
一塊普通的消化餅乾	0.5
適量的烤豆	1
一塊巧克力消化餅乾	1
一個普通的炸麵包圈	1
一勺普通的冰淇淋	2
三茶匙的果醬	2.5
普通量的一片鬆軟蛋糕	3
普通量的一客加糖早餐麥片粥	3
三茶匙的蜂蜜	3
普通量的水果酸奶	4.5
330毫升的罐裝可樂	7
中等大小的罐裝加糖漿水果	10
100克的巧克力塊	11
100克的硬糖或薄荷糖	18

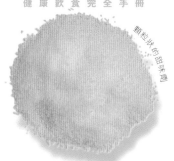

顆粒狀的甜味劑

甜味劑

每標準客所含的能量為0千卡
營養貧乏

人造的甜味劑到處都會意外出現：在日常的食物中——油炸土豆片、糖果、藥物、醬汁，甚至開胃的菜餚；也出現在"低能量"的食品中。儘管人造的甜味劑，如糖精、AK糖（acesulfame-K，即安賽蜜）、天冬氨（aspartame）等本身並不含有能量，令人驚訝的是很少有證據表明，甜味劑可以幫助你消費更少的能量。還有大量的甜味劑，如甘露醇、木糖醇、山梨糖醇，在許多加工過的食物中被用作填充劑。它們中並不含有蔗糖，但卻可以提供與普通的糖大致相同數量的能量。它們的優點是不會導致牙齒齲蝕，因而常見於糖果和口香糖中，帶着"對牙齒有幫助"的標籤。然而如果攝入量過大，也會導致腹瀉。

人造甜味劑與天然糖相似，通過刺激舌頭上對甜敏感的味蕾發揮作用。例如糖精，比糖甜400倍，因此極小量即可使食物非常甜。但不幸的是，它還留有苦的金屬性的餘味。很少有生產商會透露其產品中甜味劑的實際數量，並且你對加到你的咖啡和茶中的甜味劑中到底含有多少這種化學成分並不清楚。一個六歲半、體重20公斤（44磅）的女孩，每天食用糖精的安全數量是100毫克。英國消費者聯合會的雜誌《Which?》曾經計算過，幾杯橘子飲料、一個草莓冰棒、一杯無糖檸檬飲料、一罐無糖可樂、一小塊蛋糕、一客已降糖的烤豆和一小包對蝦油炸土豆片，將會給她合計112毫克糖精，已經超過極限。

邁克爾·傑克伯森（Michael Jacobson）博士，是位於華盛頓特區的公共利益科學中心的主任，對於甜味劑的安全性持嚴重的保留意見。19世紀70年代的一系列研究將糖精與實驗室動物的癌症聯繫起來，美國政府隨後將糖精從安全化學品清單上拿掉，並最終於1977年禁止其使用。儘管在美國含有糖精的食品必須帶有警告標籤，說明其對實驗室動物的致癌作用，但是糖精最終 ▶

甜味劑小塊

甜味劑（續）

在美國食品安全法案中獲得赦免，並且直到現在，英國的政府科學家仍認為它是安全的！

邁克爾·傑克伯森博士已經要求在美國禁止使用AK糖，公共利益科學中心（CSPI）認為其是最壞的罪犯。這一機構宣佈：這種甜味劑未被充分測試，並且測試結果顯示它會在動物中導致癌症，這意味着它會增加對於人類的危險。政府專家承認，安全數據並不理想，但卻仍然判決，有足夠的證據來證明其安全性。

天冬氨會引起一些十分特殊的問題。其成分之一即是苯基丙氨酸——蛋白質的一種天然成分。兩萬個孩子中就有一個生下來就患有被稱作苯丙酮尿症（PKU——記着給你的孩子做腳跟穿刺試驗）的疾病，無法分解苯基丙氨酸。這種化學品含量的增加會導致腦部損傷和智力遲鈍。因此，所有含有天冬氨的食品都帶有警告標籤"含有苯基丙氨酸"。政府科學家認為這種產品是安全的，但一些專家則相信，高攝入量會給具有苯丙酮尿症特徵的孕婦腹中的孩子帶來危險。

邁克爾·傑克伯森博士說："食入天冬氨後，許多人（儘管其中極小部分的人已經食用過這種添加劑）已經報告出現頭昏眼花、頭痛、類似癲癇病的發作和月經疾病"。

在試驗顯示用其餵養的試驗室動物患癌症幾率增加之後，環磺酸鹽目前在美國已被禁止使用。在英國，環磺酸鹽於1996年1月重獲批准使用，因而環磺酸鹽重新進入市場。

● 最好避免食用。
● 與動物的癌症有聯繫。
● 如果你已懷孕，應避免食用甜味劑；不要給孩子吃甜味劑。

巧克力
❹ ❺
牛奶巧克力
每100克所含的能量為520千卡
富含蛋白質和某些礦物質

巧克力和可可粉都是由可可豆製成的。可可粉是將可可豆磨成粉後，添加糖和澱粉並除去油脂後製成的。對於巧克力，絕大部分油脂被保留下來，其質量取決於最終產品中可可粉固體所佔的比例：至少50%才稱得上"優質巧克力"，但這一比例最好提高至70%。被稱作可可油的油脂，對皮膚有很大的安慰鎮靜作用，被廣泛應用於化妝品的生產和製藥行業。

儘管巧克力的脂肪含量很高，巧克力仍很有營養，黑巧克力尤其是鐵和鎂的很好來源。巧克力可以提供的蛋白質、礦物質和一些B族維生素，但卻是充滿了能量。

你可能需要輕快地散步2個小時、蹬自行車1個半小時或不停地游泳1個小時，才能夠消耗掉100克巧克力塊中所含的520千卡能量。

➕ 可以使人體的血管擴張，因而也能對高血壓的治療有所幫助。

➕ 因其含有可可鹼，有利於緩解沮喪。

➕ 最好適度食用。

➖ 巧克力中的咖啡因會引起偏頭痛發作。

超級美食

● 適量的巧克力會給抑鬱症患者一種真正的鼓舞，因為它含有可可鹼這一化學成分，而可可鹼被認為會引發大腦中自然的"感覺良好"的化學物質的釋放，也正是這些內啡肽，會激起浪漫、愛和覺醒等感覺，因此可可鹼對心肌和腎也有刺激作用，因而傳統上草藥醫生把它和植物洋地黃一起用於治療與心臟衰竭相聯繫的體液滯留。

甘草糖
② ④ ⑥

每標準客所含的能量為4千卡
富含甘草酸和鐵

儘管大部分人認為甘草糖是一種工業化生產的糖果，它實際上是一種強有力的消炎藥，它發揮作用的方式與腎上腺皮質素相同。它是甘草植物的根，具有營養價值，含有甘草酸——一種比糖甜50倍的化學物質。粉末狀的甘草根含有大量的鐵，每100克可以提供8毫克以上人體必需的這種礦物質。

這種藥草也是一種有效的輕瀉劑。治療便秘時，可以將20克乾的甘草枝條放入750毫升（三杯半）的冷水中，煮至沸騰後用文火煨，直至水量減少三分之一；過濾至壺中，蓋上蓋並使其冷卻，然後每天早晨和晚上各喝一杯。

✚ 對咳嗽、消化疾病（尤其是潰瘍）、肝臟疾病、貧血、關節炎和噁心等有療效。
✚ 最好食用片劑或甘草糖棒。
➖ 長期大劑量地食用會導致高血壓；孕婦和患有高血壓的人應盡量避免食用。

蜂蜜
① ② ⑦

每標準客所含的能量為49千卡
富含果糖和葡萄糖

在給人深刻印象的熱帶旅行中，新西蘭的麥盧卡蜂蜜被證明是治療胃潰瘍的良藥。每次飯後和就寢前食用一點匙這種蜂蜜，堅持一個月，可以使幽門螺桿菌（導致胃潰瘍的主要原因）消失得無影無蹤。對於咽喉疼痛和因胸部疾病引起的咳嗽，蜂蜜是一種極有效的藥物。與熱水和檸檬汁混合後，蜂蜜又是鎮靜劑和一種有效的祛痰劑。

✚ 對咳嗽、咽喉痛、胃潰瘍甚至腿部潰瘍有益。
✚ 最好作為食譜中糖的替代品或者安慰鎮靜飲料飲用。

食品應急小秘方

● 天然的蜂蜜，不同於用糖飼養的蜜蜂產的和工業化生產的蜂蜜，具有某些非凡的療效。手術後在消毒的包紮用品上使用，可以加快治療並減少傷疤。將蜂蜜塗在紗布上敷到腫脹的腿部潰瘍上，可加快痊癒過程。

飲料

因其提神和刺激效果而備受讚譽

茶 在中國已經被種植了 2,000 年以上。它在英國於 17 世紀第一次出現,並且在一段時間內一直是一種昂貴的奢侈品。它的普及和流行,大概要歸功於它的提神和刺激效果(因其含有咖啡因),以及它所含的揮發油的開胃作用和輕淡的芳香。由各種植物和水果製成的茶,作為普通紅茶的清爽的替代品,現在在世界上許多國家都非常流行。

咖啡豆

咖啡是由咖啡豆製成的,咖啡豆是主要生長於拉丁美洲、非洲和印度尼西亞的咖啡灌木的果實中乾的種子。咖啡據稱起源於波斯,並於 15 世紀傳入亞丁(Aden)。生的咖啡豆可以採用多種方法中的一種來烘烤,然後磨碎;最佳口味的咖啡,來自在飲用前才磨碎的咖啡豆。

咖啡和茶中的維生素和礦物質含量都極少,但卻含有包括咖啡因、類黃酮和苯酚在內的生物活性物質。這些活性物質(特別是後兩者),因其可能存在的抗致癌物特性,現在正被研究;但咖啡因的消極作用,也應該被認識到。一些軟飲料,如可樂,也含有咖啡因。

阿薩姆茶

雛菊茶　　　　　　　阿薩姆茶　　　　　　　　甘菊茶

茶

❶ ❷ ❹

每標準客所含的能量——微量
富含維生素E和維生素K

茶幾乎無疑是全世界所有飲料中最流行的。在西方國家，飲用紅茶是非常普通的事情，紅茶是印度茶樹發酵了的葉子。在日本和中國被大量飲用的綠茶，則是未經過發酵的，飲用時不加牛奶和糖，會產生一種淺淡的、黃綠色的液體。

茶很早就因其對健康有益而備受讚許。茶的咖啡因含量大約是咖啡的一半，使茶成為一種溫和的興奮劑，可以幫助振奮萎靡不振的精神。紅茶可以提供大量的維生素E和維生素K以及少量的維生素B。茶還含有一些非常令人感興趣的酚類化合物，俄國和東歐的研究顯示，這些化學成分可以增強最微小的毛細血管的血管壁。

茶也是很重要的微量元素錳和氟的很好的來源，還含有被稱作鞣酸（儘管綠茶所含的鞣酸遠少於紅茶）的收斂性物質。鞣酸具有抗菌作用，可以在治療胃感染時有所幫助。但最令人興奮的

發現，是茶中的生物黃酮類具有抗氧化和預防癌症的作用。有日益增多的證據表明，飲用大量綠茶的人口，其心臟病和某些類型的癌症的發病率會更低。紅茶也同樣如此，雖然它的程度略微小一些。

➕ *對於那些深受疲勞和筋疲力盡之苦的人，是一種溫和的興奮劑。*

➕ *一種很好的預防癌症食品，並且有益於心臟。*

➕ *最好與牛奶和檸檬一起飲用，或者冰凍後飲用。*

➖ *各種茶中都含有的鞣酸，會干擾人對身體所必需的礦物質（尤其是鐵）的吸收；那些飲用大量濃茶的人會有患上貧血的危險。*

➖ *可能會成為那些患胃潰瘍的人的刺激物。*

研碎的咖啡

速溶咖啡

咖啡豆

咖啡
② ⑤ ⑦
黑咖啡
每標准客所含的能量為4千卡
富含咖啡因和煙碱酸

咖啡因是一種大腦刺激劑，在麻醉藥中毒的治療中有一定價值，雖然意識的暫時改善只在極度的筋疲力盡時才有價值。咖啡因對於某些哮喘病的治療有幫助，這一點與茶碱（一種有效防治哮喘病的藥物）極其相似。它也可以增強某些每日服用的止痛藥的效力，並經常被包含於專利配方中。作為預防偏頭痛藥物的一部分，咖啡因在醫藥學上被用於限制血液流向大腦。在印度的阿育吠陀醫學中，咖啡豆作為治療腹瀉和頭痛的藥物已經有很長的歷史了。

咖啡因雖然有積極的作用，但是由於咖啡因的飲用涉及到一系列嚴重的健康疾病，所以權衡其利與弊的關係十分重要。

每天飲用5杯或6杯以上的咖啡，會導致咖啡中毒症，或者咖啡上癮症。咖啡會影響血壓，放棄飲用幾周之後，收縮壓和舒張壓都會降低。避免飲用咖啡後，經前不適症狀和周期性的胸部腫塊據說都可以得到改善，長期大量地飲用咖啡，會增加女性患骨質疏鬆症的機會。每天三杯咖啡，會降低女性懷孕的幾率，並且增加流產、低體重兒、有缺陷嬰兒出現的風險。

由於吸煙者從他們體內排除咖啡因的速度實際上是不吸煙者的兩倍，因此為保持清醒的意識和較高的判斷力，他們需要喝兩倍的咖啡。

➕ *疲勞時有利於予以刺激。*

➕ *對體液瀦留、哮喘病、頭痛和腹瀉有幫助。*

➕ *最好過濾後飲用，並且少量飲用。*

➖ *咖啡因會干擾人體對礦物質的吸收，並且會使由胰腺分泌的胰島素增加，從而導致低血糖；它還會嚴重地影響消化系統。*

➖ *會加劇經前不適症狀，引起血壓升高、骨質疏鬆症，增加流產和出生缺陷的風險。*

水

因其礦物質含量和清潔特性而備受讚譽

水是所有藥物中最有效和最容易獲得的一種。它以溫泉、冷泉、硫磺溫泉、海水、江河水、山泉水等形式被人類所使用，為人類提供外部治療和內部治療已經有幾個世紀了。而所有這些水中最重要的是：我們飲用的水——而且很少有人能喝足。腎病、膀胱炎、偏頭痛、頭痛、皮膚失調和便秘等疾病，都可以從體液攝取的缺乏中找到根源。

礦泉水不僅味道好，而且也有有益健康的特性。我們現在買到的瓶裝水，含有早至80年前降下的雨水，已經通過乾淨的沙子、頁岩和岩石層的過濾，並給水添加了天然的礦物質——其中最有益的是鈣（用於構建骨骼）和鎂（增強身體對疾病的抵抗力）。如果你正患有消化疾病，含有更多礦物質的水肯定會對你有所幫助。

但是，水的味道也是一個主要因素。最近幾年的低降雨量，導致了水工業中較多的衛生問題、淨水廠中的化學事故以及供水的不確定狀態，礦泉水看起來更能促進食慾，尤其是當你意識到幾乎所有的自來水都是循環使用的時候；如果你生活在倫敦、紐約或任何其他大城市，你的腎可能是你杯中的水所通過的第七對腎！

水

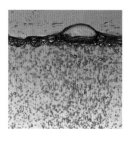

泉水和餐桌水
❷ ❸ ❺ ❽

每標準客所含的能量為4千卡
無特殊性能

這些水可能來自山泉或與你本地的供水機構連接的水龍頭。只要瓶中的成分與自來水所必需具備的標準相同,罐瓶公司實際上就可以做他們想做的事。他們不需要鑒別水的來源,他們可以將來自不同源頭的水混合在一起,過濾和消毒,並且在標籤上只留下很少的資訊。

➕ *最好冷藏,在最遲銷售日期前飲用。*
➖ *患有高血壓或者心臟病的人,應盡量避免飲用鈉含量較高的水。*

礦泉水
❷ ❸ ❺ ❽

每標準客所含的能量為4千卡
富含鈣、鎂和鈉

礦泉水必須來源於一個單獨的地下源頭,並且無危險的細菌和污染性的化學成分。其礦物質含量必須一直保持穩定,儘管這種水可以經過過濾和暴露在紫外線光下,但其他的殺菌和消毒處理是不允許的。當水從地下出來時,它可能自然地含有氣體,這些氣泡可以通過二氧化碳來增加,也可以採用機械方法減少。礦泉水必須在其源頭或離源頭很近的地方裝瓶。其標籤必須無一例外地顯示礦物質含量,對於比如"低礦物質含量"、"富含礦質鹽"、"適合於低鈉飲食"等術語的使用,也有嚴格的控制條件。

➕ *對於腎病、膀胱炎、頭痛、偏頭痛、皮膚疾病和便秘等有幫助。*
➕ *最好冷藏,在最遲銷售日期前飲用。*
➖ *患有高血壓或者心臟病的人,應盡量避免飲用鈉含量較高的礦泉水。*

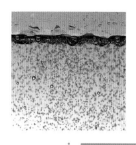

餐廳瓶裝水
❷ ❸ ❺ ❽

每標準客所含的能量為4千卡
無特殊性能

—— 些餐廳連鎖店通過只採購其自己內部的瓶裝水獲得了巨大的利潤。這些水可能只不過是一些經過與水管相接的過濾系統除去氯的味道和一些礦物質的自來水。你還是最好點上一大壺冰水，對其進行仔細攪拌以除去過量的氯。

➕ 最好冷藏，在最遲銷售日期前飲用。

➖ 患有高血壓或者心臟病的人，應盡量避免飲用鈉含量較高的水。

礦泉療養

水療法（使用淋浴器，用不同溫度的水、蒸汽和冷熱水交替沐浴）在許多世紀內已經成為治療歷史的一部分。在維多利亞女王時代，人們為了能在溫泉中沐浴，聚集到英國的巴思、布克斯頓、利明頓、切爾滕納姆和哈羅門市，以及歐洲的埃文、維希、巴登巴登、桑格米尼和美國的卡里斯托格溫泉、薩拉托加溫泉和波蘭溫泉。100年後的現在，我們正重新發現溫泉的味道和價值，礦泉水聲望的巨大增長，已經促使人們更加意識到水——這種我們經常低估了其價值的水——的價值。

奇爾特恩丘陵（CHILTERN HILLS）
不含氣體型和含二氧化碳型

是英國水中第一個被承認的天然礦泉水，這種水來自於靠近阿什里齊（Ashridge）國民託管組織的著名自然風景區。它花費了至少50年的時間通過石灰石進行過濾。

來源	來自於英國赫特福德郡特陵外的白堊丘陵
鈣含量（毫克/升）	104
鎂含量（毫克/升）	1.4
鈉含量（毫克/升）	8
礦物質總含量	低
味道	略酸、清淡的風味

布克斯頓（BUXTON）
天然且不含氣體

這種水來自差不多1,525米（5,000英尺）深的地下水庫。它從地下出來時的溫度為28℃（82℉），並曾被中世紀的英國清教徒和蘇格蘭的瑪麗皇后飲用。

來源	來自於英國德貝郡布克斯頓
鈣含量（毫克/升）	55
鎂含量（毫克/升）	19
鈉含量（毫克/升）	24
礦物質總含量	低
味道	很淡、純淨的味道

馬爾文（MALVERN）
不含氣體

大概毫無疑問是最著名的最早建立的英國品牌。由於馬爾文上的山泉是花崗岩，幾乎沒有什麼成分溶解於水中，因而其礦物質含量很低。

來源	來自於英國赫里福德郡和伍斯特郡馬爾文上丘陵中的山泉
鈣含量（毫克/升）	83
鎂含量（毫克/升）	15
鈉含量（毫克/升）	34
礦物質總含量	低
味道	幾乎沒有味道

高地山泉（HIGHLAND SPRING）
不含氣體

這是銷售最好的英國水之一。很適宜略經冷凍後單獨飲用。鈉和硝酸鹽的含量較低，適合於患有心臟和腎疾病的人飲用。我經常將這種水推薦給病人。

來源	來自於蘇格蘭佩思郡歐齊爾丘陵
鈣含量（毫克/升）	39
鎂含量（毫克/升）	15
鈉含量（毫克/升）	9
礦物質總含量	很低
味道	純淨、新鮮的味道

斯帕（SPA）
不含氣體

這一比利時的品種已經出口了400年以上。它有很低的鹽含量，並且是世界上最著名的礦泉水之一。彼得大帝和迪斯雷利是其熱心的追隨者。對於那些低鹽飲食的人較理想。

來源	來自於比利時斯帕鎮
鈣含量（毫克/升）	3.5
鎂含量（毫克/升）	1.3
鈉含量（毫克/升）	3
礦物質總含量	很低
味道	微量的香味

巴多特（BADOIT）
天然有氣泡

這種奇妙的水是法國第一種瓶裝的水。18世紀晚期當路易斯·巴斯德在意大利工作時，他曾經一次就訂購了50瓶。它從一個500米（1,640英尺）的裂縫中湧出，略帶氣泡。

來源	來自於法國聖格爾米亞的巴多特
鈣含量（毫克/升）	200
鎂含量（毫克/升）	100
鈉含量（毫克/升）	160
礦物質總含量	中等
味道	略呈鹼性、非常提神的

酒

人們對酒並沒有生理上的需求，酒是一種能使人上癮的藥物，但是對許多人來說，飲酒是一項令人愉快的社交活動。

酒是由碳水化合物發酵後釀成的，包括葡萄和其他水果、穀類、根莖和仙人掌。在全世界，許多種不同種類的酒精飲料被生產和消費，但是絕大多數豆可以歸入以下三類中：啤酒、葡萄酒和烈酒（白酒）在世界不同地區酒的消費量也不同——甚至在一個國家之內——在全部能量中所佔比例從零到大約10%不等。但是個人的消費量可能更大，酒精是一個主要的公眾健康問題。

白葡萄酒

酒是身體的能量來源，但是消費量如果超過推薦量，它經常會取代其他營養豐富的食品的位置，並干擾一些營養物質的新陳代謝。啤酒是除維生素B₁外的B族維生素的來源，但是在不同的啤酒中含量有所不同。

少量飲酒被認為可以降低患冠心病的風險。另一方面，也有證據表明，飲酒會增加某些癌症的風險，比如口腔癌、咽癌、喉癌和食道癌。為了你的健康，請購買你能買得起的質量最好的酒，<u>並且盡量減少飲用</u>。

紅葡萄酒

啤酒
④ ⑤ ⑧

每330毫升（0.5品脱）所含的能量為70-125千卡
富含維生素B12

你能從啤酒中獲得的絕大多數都是能量——每半品脱中含70-125千卡。所有的啤酒都含有酒精，但不含蛋白質，除了鉀以外，也幾乎不含其他任何礦物質。但是，它是維生素B12的特別豐富的來源。

在傳統的釀造啤酒和窖藏啤酒、桶裝苦啤酒之間存在巨大的差異。首先使大麥發芽，用麥芽進行釀造。在獲得的"麥芽汁"中加入啤酒花（富含樹脂，它賦予啤酒獨特的味道）釀造，然後釀酒師投入酵母，開始發酵過程。烈性黑啤酒由於糖分含量較高，一般比較甜，普通的窖藏啤酒中酒精含量比啤酒或烈性黑啤酒都要低。傳統的英國桶裝啤酒是用古老的方式釀造的，不含化學添加劑，保存在木桶中，要靠手工泵從酒窖裡提取出來。歐洲和美國的大部分啤酒和窖藏啤酒，味道更清淡，氣體更多，但是會引起腫脹和腹部不適。

令人遺憾的是，烈性黑啤酒更有營養的想法只是一廂情願。雖然如此，如果適量飲用的話，啤酒仍是一種有效的利尿劑，以及維生素B12和能量的良好來源，對貧血、嗜眠症和終日疲勞綜合症（TATT）都有幫助。

➕ *對貧血、TATT（不是肌痛性腦脊髓炎）和水腫有好處。*
➕ *如果是散裝啤酒而你是英國人，最好在酒窖溫度下飲用。絕大多數其他人好像更喜歡冰鎮的嘶嘶起泡的啤酒——也許冰涼可以掩飾味道的不足。*

食品應急小秘方

● 為了使暗淡無生氣的頭髮增加光澤，可以在第一遍用洗髮水全面清洗之後，用啤酒沖洗頭髮。這有助於髮幹的角質層平伏，從而使頭髮看起來柔順有光澤。作為選擇，你也可以購買啤酒香波。

白葡萄酒

紅葡萄酒

葡萄酒

❹

紅葡萄酒
每標準杯所含的能量為85千卡
白葡萄酒
每標準杯所含的能量為93千卡
富含容易吸收的鐵

對於飲用葡萄酒是否有益現在還有爭論，但看來比較明確的是，適量飲用葡萄酒在降低心臟和循環系統疾病方面有重要作用。絕大多數醫學專家都同意，女性每周的消費量不應超過14個單位，男性不應超過21個單位。一個單位就是一份白酒，一小杯葡萄酒或者半品脫普通啤酒或蘋果酒。

雖然絕大多數葡萄酒都是用葡萄釀造的，但所有國家都有使用其他新鮮果品釀造啤酒的傳統——接骨木果、醋栗、大黃、歐洲防風草、蘋果以及其他所有含糖量高的水果和蔬菜。用葡萄釀造的商業葡萄酒產品往往含有大量化學物質，其中一些會引起健康問題。色素、芳香劑和防腐劑也會被添加，而且葡萄酒生產商往往認為沒有必要把它們標注在標籤上。比如二氧化硫，葡萄酒的一種普通防腐劑，經常會在易感人群中引發哮喘。而且紅葡萄酒中的同源物成分也被懷疑會引起偏頭痛。一般來説，葡萄酒越便宜，包含的化學物質就越多，你的宿醉反應也越糟糕。

雖然紅葡萄酒和白葡萄酒中的鐵的含量都相當少——每杯中大約1毫克左右——但它們非常容易吸收。實際上，那些經常採用低蛋白食譜的酗酒者，可能會從酒精中吸收大量的鐵，從而對肝臟造成嚴重損害。

➕ *對保護冠狀動脈、促進血液循環、治療輕度沮喪和貧血有好處。*

➕ *最好只是適量飲用——上述益處僅僅建立在適量飲用的基礎上；過量飲用的話會引起反作用。*

➖ *可能引發哮喘或偏頭疼。*

維生素和礦物質

當病人來我這兒看病時，我總是要求他們帶來正在服用的任何補充品。他們中的很多人拿出了裝滿維生素和礦物質的塑膠袋！這的確令我傷心，因為他們肯定在這上面花了太多的錢，但是一些維生素和礦物質如果服用過量會造成損害。

不過，儘管美國人的維生素和礦物質的每日推薦攝入量（recommended daily allowance, 簡稱RDA）一般遠遠高於英國人，但是我對這兩者都心存憂慮。政府沒有考慮到如今的食品中的實際營養成分的多樣性。密集飼養方式、運輸、儲存、加工和保鮮，每一個環節都有可能減少食物中的維生素含量。而這一切都是在你購買、拿回家、開始烹飪之前發生的。理論上最終應該盛在你的盤子中的維生素成分，經常大大高於現實中你實際上能夠吃進嘴裡的。

為了避免缺乏症疾病而需要攝入的維生素和礦物質的數量，和使你能夠保持巔峰狀態與保護你的身體不受疾病困擾所需要攝入的數量這兩者之間，也有巨大的區別。在下一頁中，我詳細介紹了維生素和礦物質實際上能做什麼（一併介紹了過量服用的注意事項），最好的食品來源是什麼，以及目前的RDA。

維生素B12

鋅膠囊

維生素

許多人都會詢問的熱門問題是："我需要額外補充維生素嗎？"理論上答案應該是"不"——如果你飲食平衡、花樣繁多，就沒有必要補充。實際上，幾乎沒有人能做到這一點。

自然的健康保障，以廉價的、精心配製的多種維生素和礦物質藥片的形式出現，這是一個不錯的想法。它可以補充偶爾錯過的一頓飯，緊張生活的額外需求，在食品儲存、運輸和烹飪過程中損失的維生素，還可以支援你在疾病之後盡快恢復。

仔細閱讀標籤，避免那些加入了人工色素、香料和防腐劑的藥片。當心添加的糖和甜味劑。

許多兒童，尤其是那些患有哮喘、濕疹或其他過敏問題以及多動症的兒童，對於某些維生素片中的食用化學物質有不良反應。

另一方面，許多生產商靠"過敏"綜合症賺錢，生產出了昂貴的無麩糧、無酵母、無蛋、無奶以及無其他每一樣東西的產品。其實除非你知道自己對某種特定的食品過敏（只有相當少的人知道），否則完全沒有必要走得這樣遠。

最好選擇成分標籤上只有主要營養物質的多種維生素片，而不是那些龐大的名單裡充斥着的你從未聽說過的營養物質的藥片。成年人的配方一般不適合2-

每日推薦攝入量

來自英國健康部的每日推薦攝入量

	女性	男性
A	600微克	700微克
C	40毫克	40毫克
D*	10微克	10微克
E	5毫克	7毫克
B1	0.8毫克	1毫克
B2	1.1毫克	1.3毫克
煙酸	12.8毫克	16.8毫克
B6	1.2毫克	1.4毫克
B12	1.5微克	1.5微克
葉酸	200微克	200微克

＊如果暴露在日光中就不是這個數字

10歲的孩子，後者應該有自己相關的產品。2歲以下的孩子只能在專家指導下服用補充物。當心不要過量服用維生素，否則會引起嚴重的健康問題。

單一補充物在治療和預防特定疾病時的確具有一定作用——比如，額外的維生素C可以防治冬季的感冒和感染；維生素B6、鋅和月見草油可以用於PMS和其他月經問題——但是如果沒有醫生的建議，切不可大量服用單一維生素，因為其中一些有毒。一些維生素會干擾藥物治療，因此如果你正在服用處方藥，在開始服用你自己的藥物時請務必和你的醫師一起檢查。

不要愚蠢地認為，只要服用了維生素片，吃什麼都無所謂。很簡單，因為事實並非如此。

重要的維生素

維生素A
➕ 對於發育、皮膚、夜視和色視力有好處。

➖ 長時間服用維生素A基本需求量的十倍以上,會損害肝臟和骨骼。在懷孕期間的服用量不要超過3,300微克,因為容易引起出生缺陷。

良好來源:肝臟、胡蘿蔔、菠菜、黃油、人造黃油、西蘭花和切達乾酪。

維生素C
➕ 預防壞血病,幫助傷口癒合和鐵的吸收,是一種重要的保護性的抗氧化劑。

➖ 如果沒有醫生的建議,不要大量服用,因為已知每天服用超過1克的維生素C會在易感人群中引起腹瀉,增加腎結石的風險。

良好來源:黑醋栗、檸檬、青椒、橘子、葡萄柚、獼猴桃和生的紅甜椒。

維生素D
➕ 對於骨骼的形成構建非常重要,因為它是鈣吸收系統的一部分。

➖ 每日服用所需量的10倍以上,對兒童有很大毒性,25倍以上會對成年人造成傷害。給兒童餵食魚肝油,每天不要超過1茶匙,孕婦也不要超過這個量。

良好來源:魚肝油、深海油魚、蛋類和人造黃油。

維生素B$_1$(硫胺素)
➕ 它主要是在碳水化合物轉化為能量的過程中發揮作用。

良好來源:鱈魚卵、小麥胚芽、巴西堅果和花生、燕麥片、燻肉、豬肉、內臟和麵包。

維生素B$_2$(核黃素)
➕ 對於成長發育、皮膚和黏膜非常重要。

良好來源:蛋類、乳類、肝臟、腎臟、切達乾酪、牛肉、鯖魚、杏仁、穀物和家禽。

維生素B$_6$(吡哆醇)
➕ 對於成長發育非常重要,許多女性還發現,它對於治療經前不適症狀(PMS)非常有幫助。

➖ 每天的劑量超過2克就會損害神經,在一些特別敏感的對象人群身上,僅服用50毫克就會出現綜合症狀。

良好來源:魚、肉、肝臟、乾酪、香蕉、鱷梨、鱈魚、大麻哈魚和青魚。

葉酸
➕ 在成長發育時期特別重要。某些出生缺陷可能和缺少葉酸有關。

良好來源:深綠色蔬菜、肝臟、腎臟、堅果、全麥麵包和全麥食品。

礦物質

你的身體需要一些特定的礦物質——有些是少量，有些是中量，還有一些是微量。它們都非常重要，缺乏任何一種——即使是微量礦物質——都會造成健康與生病的區別。在調查健康問題時，除了鐵，也許還有鈣以外，這些神奇的礦物質經常被忽略。但是一個簡單的事實是，它們經常是引發疾病的關鍵因素，對所缺乏的成分的簡單補充就能產生顯著的康復。

我最感興趣的兩種礦物質是鋅和硒，因為它們在我們的飲食中經常缺乏，使用以後會產生顯著效果。鋅缺乏是許多病情的原因，比如神經性厭食症和兒童多動症，而患有經前不適症狀和產後憂鬱症的女性，在服用少量鋅後，幾乎總是反應良好。硒缺乏會導致抵抗力低下、心臟病、皮膚問題以及大幅度增加的癌症風險，但是你每天只需要服用100微克硒，就可以確保你的身體不會短缺這種重要的礦物質。鈣是另外一種神奇的礦物質，在懷孕期、哺乳期、兒童期和青春期最為重要，年老時還可以防止骨質疏鬆症。

如果你的飲食不錯，主食搭配經常變換花樣，你就不可能需要礦物質藥片，除非你有特殊的健康問題。但是也有一些特殊情形的確需要補充礦物質，因此我

每日推薦攝入量

來自英國健康部的每日推薦攝入量

	女性	男性
鈣	700毫克	700毫克
鐵	14.8毫克	8.7毫克
鋅	7毫克	9.5毫克
銅	1.2毫克	1.2毫克
鈉	4.0毫克	4.0毫克
鉀	3,500毫克	3,500毫克
鎂	270毫克	300毫克
磷	540毫克	540毫克
氯化物	2,500毫克	2,500毫克
硒	60微克	75微克
吲哚	140微克	140微克

還有許多其他礦物質在我們身體的機能中擔當重要角色，不過雖然建議了安全最大攝入量，但是英國的每日推薦攝入量還沒有對它們作出規定。

在這裡向你介紹性價比最優的搭配選擇：硒與維生素A、C和E；鈣與鎂、硼、維生素D；鋅和維生素C；鋅和銅（長期服用）；作為氨基酸螯合物的鐵。當與氨基酸結合時，複合礦物質物才是最好的，因為這樣它才更容易被身體吸收和利用。

仔細閱讀標籤。有一些產品並不能提供那麼多你實際上所需要的礦物質。

有魔力的礦物質

鋅

✚除了自然抵抗力以外，還對成長發育、健康的性器官、生殖系統和胰島素的製造非常重要。

➖過量的鋅會減少身體中的銅的含量。

良好來源：羊肉、肝臟、牛排、大蒜、薑、巴西堅果、南瓜種子、蠔、蛋類、沙丁魚、燕麥、螃蟹、杏仁和雞肉。

硒

✚自我防護系統的一部分，對控制膽固醇和防治一些癌症非常重要。

良好來源：使用北美洲麵粉製作的全麥麵包、巴西堅果、黃油、深海油魚、肝臟和腎臟。

鐵

✚和氧氣結合形成血紅蛋白（是血液呈紅色的原因），把氧氣從肺部輸送到全身的每一個細胞。

➖過量的鐵會降低你的自然免疫力，引起失眠、疲勞和沮喪。

良好來源：可食用海藻、深海油魚、水生貝殼類動物、糖蜜、豬肝、牛肉、沙丁魚、腰果、巴西堅果、椰棗、葡萄乾、小扁豆、花生、雞肉、大豆、鷹嘴豆和豌豆。

銅

✚和鐵一起工作，產生紅血球。

良好來源：蠔、堅果、牛肉、肝臟、羔羊肉、黃油、大麥、橄欖油。

鈣

✚一種對於骨骼形成和持續增強非常重要的礦物質，在懷孕、哺乳、兒童和青春期最為重要，可以防止骨質疏鬆症。

良好來源：乳類、酸奶、低脂乾酪、沙丁魚（帶刺）、綠色蔬菜、乾果、堅果、豆類、全麥麵包、豆瓣菜和歐芹。

吲哚

✚對於甲狀腺的正常功能非常重要。

➖過量吲哚可能會引起甲狀腺過度活躍；注意不要食用過多海藻補充物。

良好來源：紫菜、魚類和海產品。

錳

✚酶、骨骼、肌肉活動和生育能力的形成需要錳。

良好來源：全麥食品、堅果和茶。

磷

✚對於骨骼形成非常重要，還是細胞的組成部分。

良好來源：富含鈣的食物。

鉀

✚對於身體所有細胞和神經組織的正常功能非常重要。

良好來源：香蕉、橘子、鱷梨、堅果、豆類、乾果、馬鈴薯、番茄、全麥食品。

20大食品

全書的食品條目已經説明哪種食品會對身體的哪一系統有所幫助。這個圖表中選擇了20種功能最多的食品，列出了它們能對哪些常見疾病有所裨益。例如，香蕉對以下疾病有所幫助：兒童疾病、循環系統問題、便秘、腹瀉、疲勞、水腫、腸胃炎、燒心、不育、失眠、經期問題、噁心、經前不適症狀、鵝口瘡。

	貧血	關節炎	哮喘	背痛	黏膜炎	兒童疾病	循環系統問題	感冒	便秘	咳嗽	膀胱炎	糖尿病	腹瀉	濕疹	疲勞	水腫
香蕉						●	●		●				●		●	●
巴西堅果								●								
捲心菜	●	●		●	●	●										
胡蘿蔔		●			●	●					●					
芹菜		●									●					●
椰棗	●							●							●	
大蒜			●		●	●	●	●			●					
薑					●			●		●						
獼猴桃			●			●		●								
檸檬							●	●								
燕麥						●	●			●		●				
深海油魚		●		●									●			
洋蔥		●	●		●	●		●		●	●					
歐芹			●								●					●
南瓜種子						●									●	
大豆																
菠菜	●				●											
水						●		●					●	●	●	
全麥麵包						●				●			●			
酸奶											●	●				

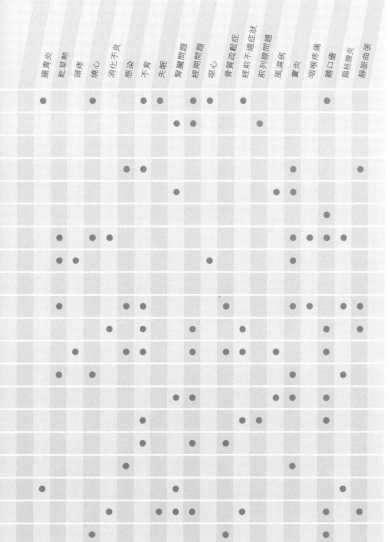